Ammar AL-Ashmori
Babak Bashari Rad

Quadro SPI híbrido baseado em Agile e CMMI para PME

Ammar AL-Ashmori
Babak Bashari Rad

Quadro SPI híbrido baseado em Agile e CMMI para PME

ScienciaScripts

Imprint

Any brand names and product names mentioned in this book are subject to trademark, brand or patent protection and are trademarks or registered trademarks of their respective holders. The use of brand names, product names, common names, trade names, product descriptions etc. even without a particular marking in this work is in no way to be construed to mean that such names may be regarded as unrestricted in respect of trademark and brand protection legislation and could thus be used by anyone.

Cover image: www.ingimage.com

This book is a translation from the original published under ISBN 978-3-330-35204-9.

Publisher:
Sciencia Scripts
is a trademark of
Dodo Books Indian Ocean Ltd. and OmniScriptum S.R.L publishing group

120 High Road, East Finchley, London, N2 9ED, United Kingdom
Str. Armeneasca 28/1, office 1, Chisinau MD-2012, Republic of Moldova, Europe
Printed at: see last page
ISBN: 978-620-7-66342-2

RECONHECIMENTO

Todos os louvores e agradecimentos a Alá e ao Seu mensageiro Muhammad (que a paz esteja com ele). Esta investigação não teria sido possível sem o apoio generoso de muitas pessoas. Gostaria de estender os meus sinceros agradecimentos a todas essas pessoas.

Em primeiro lugar, gostaria de agradecer ao **Dr. Babak Bashari Rad** pela sua supervisão, orientação, encorajamento e apoio sem fim à minha dissertação e também aos artigos publicados. Em segundo lugar, os meus agradecimentos ao **Sr. Nicholas Jeremy A/L Francis** pelo seu tempo, esforço e notável feedback sobre a dissertação, e a todos os meus professores durante este curso por tudo o que aprendi com eles. Além disso, um grande obrigado a todas as pessoas que participaram na minha investigação.

Ficarei para sempre em dívida para com o meu querido pai, **Sr. Mutahar Saleh AL-Ashmori,** pelo seu amor, esforços, afeto, encorajamento e apoio, e também para com todos os meus familiares e parentes. Além disso, muito obrigado aos meus verdadeiros amigos no Iémen e aqui na Malásia pela sua verdadeira amizade, orações e apoio moral durante os meus estudos.

Por último, e o mais importante, agradeço ao Governo do Iémen, especialmente ao antigo presidente **Ali Abdullah Saleh,** pelo apoio financeiro e pela inspiração para adquirir conhecimentos na Malásia.

RESUMO

Muitas pequenas e médias empresas (PME) estão ansiosas por melhorar os processos de desenvolvimento de software nas suas organizações, de modo a poderem produzir software de alta qualidade, mas mais rápido e mais barato. Recentemente, a IPS tornou-se um tema de investigação impressionante. Muitos estudos mostram que cerca de 30% das iniciativas de IPS são bem sucedidas e estes estudos afirmam que o sucesso da iniciativa de IPS se baseia nos aspectos organizacionais, de gestão e tecnológicos da IPS. A maior parte das estruturas de IPS existentes não cobrem suficientemente estes aspectos. O objetivo deste estudo é investigar as características das PMEs que afectam os seus processos de software e desenvolver uma nova estrutura de IPS como alternativa ao CMMI que abranja os aspectos tecnológicos, organizacionais e de gestão da IPS. O objetivo deste estudo é compreender os processos de desenvolvimento de software nas PME. Este estudo utilizou uma abordagem de inquérito para recolher dados aleatoriamente junto dos trabalhadores de uma PME. Participaram no inquérito 40 engenheiros de software, engenheiros de qualidade, analistas de negócio e gestores de projeto válidos. Os dados recebidos através do inquérito foram inseridos em folhas de Excel e depois analisados. Além disso, foram utilizados dois métodos qualitativos, a discussão em grupo e o Delphi, para validar os QCA da nova estrutura. O principal resultado do inquérito é o ISPF, uma estrutura que abrange os aspectos tecnológicos, organizacionais e de gestão do SPI no contexto dos modelos, métodos e práticas de SPI existentes. Este estudo conclui que todas as pessoas afectadas pelas iniciativas de SPI devem concordar e comprometer-se com as novas mudanças. Para além destas mudanças, a entidade patronal e os trabalhadores devem planear e gerir cuidadosamente as operações para garantir a eficácia das iniciativas de SPI. Além disso, as pessoas devem ser incentivadas a adotar os processos e as mudanças organizacionais. Por último, o sucesso e a sustentabilidade dos esforços de melhoria contínua podem ser alcançados apenas através do reconhecimento dos aspectos organizacionais e de gestão, para além dos aspectos tecnológicos e processuais.

ÍNDICE DE CONTEÚDOS

LISTA DE ABREVIATURAS

SMEs	Small and Medium Enterprises
SPI	Software Process Improvement
CMM	Capability Maturity Model
CMMI	Capability Maturity Model Integration
KPAs	Key Process Areas
CSFs	Critical Success Factors
XP	eXtreme Programming
USA	United States of America
DOSM	Department of Statistics Malaysia
UE	European Union
ISO	International Organization for Standardization
QFD	Quality function deployment
FMEA	Failure mode and effects analysis
PDCA	Plan, Do, Check, and Act
IDEAL	Initiating, Diagnosing, Establishing, Acting and Leveraging
QIP	Quality Improvement Paradigm
DMAIC	Define, Measure, Analyse, Improve and Control
DMADV	Define, Measure, Analyse, Design and Verify
SPICE	Software Process Improvement and Capability dEtermination
IT	Information technology
C–S model	CMMI–Scrum Model
BC6S	Blending CMMI and Six Sigma
CTC	Critical to Certification
ISPF	Improved Software Process Framework
RAD	Rapid application development
OCAI	Organizational Culture Assessment Instrument

CAPÍTULO 1

INTRODUÇÃO

1.1 Contexto do estudo

O desenvolvimento de software é uma atividade complexa. Sendo um processo tecnológico, tem também dimensões sociais e económicas. Os peritos técnicos, como designers, programadores e testadores, trabalham em conjunto com as partes interessadas não técnicas, que incluem gestores de projectos e analistas empresariais, para que as alterações ou melhorias no desenvolvimento de software possam trazer desenvolvimentos positivos para a sociedade. Estes aspectos ou fenómenos sociais e económicos são definidos pela teoria, filosofia e estrutura organizacionais. Estas pessoas actuam como uma equipa (Maciaszek & Liong, 2006).

Atualmente, as PME tornaram-se a espinha dorsal da indústria de software em todo o mundo. No México, as PME constituem 87% das empresas de desenvolvimento de software (Mata, et al., 2015). Representam mais de 85% na China, na Índia, na Finlândia, nos EUA, no Canadá e em alguns outros países em desenvolvimento (Kouzari, et al., 2015). Na Malásia, de acordo com o DOSM, do total de empresas, 97,3% são PME (Almomani, et al., 2015). A definição e as normas das PME são diferentes de um país para outro. De acordo com a definição de PME da Malásia, uma pequena empresa é classificada como uma empresa com uma capacidade de dimensão entre 5 e 29 trabalhadores e uma empresa de dimensão média com uma capacidade de 30 a 75 trabalhadores. Para a UE, uma pequena empresa tem 10 a 49 trabalhadores e uma empresa de dimensão média tem 50 a 249 trabalhadores (Iqbal, et al., 2015).

A IPS é recomendada para melhorar a qualidade do software e aumentar a produtividade (Martins & da Silva, 2010). No decurso da realização da IPS, as PME podem continuar e aumentar os benefícios económicos. A razão é que pode aumentar a qualidade do seu processo de desenvolvimento, para além de poder reduzir o custo e o tempo de construção de produtos de software de qualidade (Sommerville, 2011). O sucesso da iniciativa SPI precisa de depender da qualidade dos componentes SPI, como o roteiro e os métodos, que são definidos. Esses componentes enfatizam tecnologias, ferramentas e procedimentos para gerenciar e organizar os processos de SPI. Além disso, o sucesso da iniciativa também depende de outros aspectos da iniciativa, como o contexto e as pessoas (Ferreira & Wazlawick, 2011). As iniciativas de melhoria contínua levam à mudança dos processos de software, que afectam diretamente a organização, os seus funcionários e os seus comportamentos. As mudanças resultantes de iniciativas de SPI no lado do negócio da organização são chamadas de mudança organizacional (Pries-Heje & Johansen, 2010).

Além disso, os factores humanos não estão a receber atenção suficiente e, consequentemente, a maioria dos fracassos do SPI parecem ser diretamente causados pelo fraco empenho e baixa motivação (Herranz, et al., 2014). Para a maioria das PME, a aplicação do CMMI pode não ser bem sucedida, uma vez que o CMMI é utilizado para empresas de grande escala (Hansen, et al., 2004). Além disso, tem processos complexos. A estrutura burocrática do CMMI acabaria com a atitude de aprendizagem. Para além disso, a formação e a documentação são dispendiosas e, por isso, incomportáveis para os gestores (Dangle, et al., 2005).

Alguns dos estudos anteriores (Habib, et al., 2008) (Khan, et al., 2010) concordam que o CMMI se destina a empresas de grande dimensão e não a PME. No entanto, isso nem sempre é verdade. O CMMI pode melhorar a qualidade, o custo e o tempo dos processos das PME (Dangle, et al., 2005). As PMEs têm sido encorajadas a adotar o CMMI nos seus processos de software porque o CMMI pode atingir os objectivos de desenvolvimento de forma mais rápida e barata. Também pode tornar o processo mais produtivo. Em última análise, melhorará a satisfação do cliente. As tendências recentes mostram que são reconhecíveis as abordagens adequadas para as PME, que têm em conta os KPAs do CMMI existentes e os métodos e práticas ágeis.

Apesar de o CMM e o CMMI serem os modelos mais bem sucedidos para a melhoria dos processos de software, muitas PME não conseguiram adotar o CMMI com o mesmo sucesso que as grandes empresas (Hansen, et al., 2004). O primeiro fator é a complexidade dos processos do CMMI (Dangle, et al., 2005). O segundo fator é o facto de o CMMI ser um quadro burocrático, o que afastaria a atitude de aprendizagem (Dangle, et al., 2005). Para além disso, a formação e a documentação são dispendiosas, logo incomportáveis para os gestores (Dangle, et al., 2005). Além disso, a adoção do CMMI é dispendiosa, requer tempo e conhecimentos substanciais, que consomem muitos recursos (dispendiosos) para as PME gerirem (Khurshid, et al., 2009). No entanto, estes factores criaram consciência e motivação para muitos investigadores lidarem com quadros alternativos ao CMMI.

1.2   Descrição do problema

A melhoria da qualidade do software é muito importante para as empresas produtoras de software, que pretendem melhorar a qualidade do seu software e dos seus processos para satisfazer os requisitos dos utilizadores. Há muitos estudos dedicados à melhoria da qualidade do software, mas falta uma visão holística do domínio da melhoria da qualidade do software que dê atenção suficiente aos aspectos organizacionais e de gestão da melhoria da qualidade do software. Para além disso, as estruturas de IPS existentes concentram-se apenas nos aspectos tecnológicos e processuais da IPS (Nikitina, et al., 2015). Apenas alguns quadros de IPS cobrem os aspetos organizacionais e sociais, mas estes não são abordados de forma adequada. No entanto, existe uma estrutura que considera uma

visão geral do aspeto do SPI e se concentra nos aspectos organizacionais e gerenciais do SPI, que é
o modelo Zharan (Nikitina, et al., 2015) (Zharan, 1998), mas esse modelo é antigo e desatualizado.
Além disso, muitas PMEs estão a tentar adotar o CMMI, mas não têm meios para o fazer ou não
conseguem adaptar-se com sucesso (Ferreira e Wazlawick, 2011).

1.3   Questões de investigação

1. Quais são as características das PME que afectam o processo de desenvolvimento de
software?
2. Quais são os KPA do CMMI e os métodos Agile adequados para as PME e como podem
trabalhar em conjunto para melhorar o desenvolvimento de software e criar uma estrutura
SPI?
3. Como ajudar as PME a melhorar o processo de desenvolvimento de software?
4. Quais são os factores de segurança para validar e aplicar o quadro proposto?

1.4   Objetivo da investigação

Esta investigação tem como objetivo produzir uma nova estrutura híbrida baseada nos métodos e
princípios Agile e nos KPAs do CMMI. Esta estrutura ajudará a melhorar o processo de
desenvolvimento de software nas PMEs, abrangendo os aspectos tecnológicos, organizacionais e de
gestão do SPI e considerando também as características das PMEs.

1.5   Objectivos da investigação

1. Investigar as características das PME que afectam o processo de desenvolvimento de
software.
2. Investigar os KPAs CMMI adequados e os métodos e processos Agile para as PMEs que
podem trabalhar em conjunto para melhorar o processo de desenvolvimento de software.
3. Propor um novo quadro híbrido baseado nos métodos e princípios Agile e nos KPAs do
CMMI, para que o quadro possa ajudar a melhorar o processo de desenvolvimento de
software nas PME.
4. Encontrar os QCA para validar e implementar o quadro proposto nas PME.

1.6   Âmbito da investigação

Esta investigação abrange o processo de desenvolvimento de software e a melhoria das PME
produtoras de software. Estas PME têm características diferentes das grandes empresas. Estas

características diferentes resultam no fracasso da maioria das iniciativas de melhoria do processo de desenvolvimento de software (Ferreira & Wazlawick, 2011). Serão estudadas algumas estruturas de melhoria do processo de software para encontrar os seus factores de sucesso e de fracasso.

Além disso, estudará as práticas CMMI adequadas, conhecidas como KPA's, e os métodos e princípios Agile adequados.

1.7 Importância do estudo

Este estudo centra-se nos processos de desenvolvimento de software nas PME que produzem software. Como se verificou, a maior parte das estruturas de IPS não tem em conta as características das PMEs e é por isso que estas enfrentam problemas na adaptação dessas estruturas. Além disso, muitos investigadores concordam que o aumento da agilidade das PMEs ajudará a melhorar os seus processos de software, mas geralmente concentram-se numa metodologia ágil, como as metodologias Scrum e XP, ou concentram-se apenas nos KPAs do CMMI para um único nível, para produzir estruturas de IPE. Este estudo investiga/examina as práticas ágeis e a adequação dos KPAs do CMMI para as PMEs e também se concentra em todos os aspectos das IPE, como os aspectos tecnológicos, organizacionais e de gestão.

1.8 Layout da dissertação

Este estudo é composto por sete capítulos que apresentam o problema e os objectivos da investigação, a discussão do trabalho relacionado, os métodos de investigação e os resultados, como se segue:
1. Capítulo 1 - Introdução: fornece uma breve introdução ao domínio de investigação, apresenta o problema de investigação, o objetivo de investigação e uma panorâmica dos contributos para a investigação.
2. Capítulo 2 - revisão da literatura: apresenta os antecedentes do desenvolvimento de software e da IPS e os trabalhos relacionados, e fornece uma visão geral da gestão da mudança organizacional relacionada com a IPS.
3. Capítulo 3 - conceção da investigação: fornece uma visão geral do paradigma da investigação e da conceção para atingir os objectivos deste estudo.
4. Capítulo 4 - Análise dos dados e resultados: apresenta um relatório pormenorizado sobre os dados recolhidos, a sua análise e os resultados.
5. Capítulo 5 - Quadro proposto: fornece pormenores sobre o ISPF e os seus componentes.
6. Capítulo 6 - Validação: apresenta uma panorâmica dos QCA para validar a aplicação do ISPF e os métodos de investigação utilizados para os recolher e classificar o seu impacto.

7. Capítulo 7 - conclusão: fornece uma visão geral sobre a forma como o objetivo deste estudo foi atingido, como este estudo contribuiu para o conhecimento prévio, quais são as limitações do mesmo e os trabalhos futuros.

1.9   Resumo

Globalmente, este estudo propõe uma estrutura híbrida baseada em Agile e CMMI para melhorar o processo de software nas PMEs. As práticas CMMI adequadas, conhecidas como KPA'S, e os métodos e princípios Agile adequados são combinados para formar a nova estrutura que é adequada para as PME. Neste capítulo, é fornecida uma visão geral sobre este estudo, que inclui o problema que este estudo pretende resolver, a finalidade e os objectivos, o âmbito e a importância e a estrutura desta dissertação.

CAPÍTULO 2
REVISÃO DA LITERATURA

O desenvolvimento de software é uma atividade complicada que inclui procedimentos tecnológicos e sociais em que pessoas técnicas como designers, programadores e testadores trabalham em conjunto com pessoas não técnicas como partes interessadas, gestores de projectos e analistas empresariais, pelo que quaisquer alterações ao processo de desenvolvimento de software teriam também um enorme impacto nos aspectos sociais. Estes aspectos são fenómenos sociais definidos pela filosofia e estrutura da organização e pela forma como as partes interessadas actuam como uma equipa (Maciaszek & Liong, 2006).

Este capítulo apresenta um resumo geral dos tópicos associados, como os processos de desenvolvimento, o IPS e a mudança organizacional; também analisa estudos anteriores relacionados. A primeira secção apresenta a definição de PME e estuda as suas características. A segunda secção explica os processos de desenvolvimento, os métodos e os modelos de processos, e inclui uma discussão sobre as famosas metodologias e modelos de processos de software. A terceira secção descreve em pormenor a melhoria do processo de software e discute as abordagens adequadas; enquanto a quarta secção aborda a relação entre a melhoria do processo de software e a melhoria organizacional e discute as filosofias de mudança de gestão relacionadas com as iniciativas de melhoria do processo de software. A quinta e última secção apresenta algumas estruturas diferentes de IPS e explica sucintamente os seus pontos fortes e fracos.

2.1 PME

Atualmente, as PME tornaram-se a espinha dorsal da indústria de software em todo o mundo. No México, as PME constituem 87% das empresas de desenvolvimento de software (Mata, et al., 2015). Representam mais de 85% na China, na Índia, na Finlândia, nos EUA, no Canadá e em alguns outros países em desenvolvimento (Kouzari, et al., 2015). Na Malásia, de acordo com o DOSM, 97,3% do total de empresas são PME (Kouzari, et al., 2015). De acordo com a definição de PME da Malásia, uma pequena empresa tem entre 5 e 29 trabalhadores e a média empresa tem entre 30 e 75 trabalhadores. Para a UE, uma pequena empresa tem 10 a 49 trabalhadores e uma empresa de média dimensão tem 50 a 249 trabalhadores (Iqbal, et al., 2015).

2.1.1 Características das PME

A maioria das PME tem as mesmas características; por conseguinte, estas PME são diferentes das grandes empresas. No entanto, em todo o mundo, a definição de PME é diferente. Estas características devem ser tidas em conta para desenvolver o quadro do SPI para as PME. Estruturalmente, as PME são diferentes das grandes empresas; nas PME, os níveis de gestão são menores do que nas grandes empresas, com menos especialização e mais inovação. Em termos processuais, têm menos formalização e normalização; e as pessoas que dominam as PME tomam decisões. Além disso, os seus processos são simplesmente planeados e controlados, avaliados informalmente e orientados para os resultados. Os funcionários das PME têm mais resistência à mudança (Murphy & Ledwith, 2006). Outra caraterística das PMEs é o facto de terem menos pessoas ou serem orientadas para o ser humano; o número de funcionários é menor e não têm uma cultura de processamento, geralmente um funcionário faz várias tarefas; além disso, há uma falta de conhecimento dos funcionários sobre o SPI e também a definição de papéis. As PMEs geralmente não têm processos definidos, há uma falta de compreensão sobre a importância do processo de desenvolvimento na produção de qualidade e sobre a cultura de processamento; elas não têm a experiência de implementar o SPI. A escassez de recursos financeiros é outra caraterística das PMEs; as PMEs dependem normalmente de recursos económicos externos para a implementação do SPI; têm um orçamento reduzido para a implementação do SPI, o que pode ter um grande impacto nas iniciativas do SPI. Outra caraterística é a natureza dos projectos nas PME; a maior parte dos projectos das PME são mais curtos em comparação com os projectos das grandes empresas. Muitos problemas na implementação do SPI têm origem nos modelos e normas das PME. Isto deve-se ao facto de as PME terem falta de apoio na implementação de modelos e normas. Em suma, as iniciativas de melhoria contínua para as PME são afectadas por seis características: organização, pessoas, processos, recursos financeiros, projectos e modelos e normas (Mata, et al., 2015).

2.1.2 Considerar o SPI para as PME

Existem muitas considerações para as PMEs começarem a utilizar o SPI, uma vez que se trata de uma decisão arriscada e dispendiosa. Alguns investigadores acreditam que as PMEs não devem tentar adotar qualquer modelo de SPI; a adoção do modelo de SPI é dispendiosa para as PMEs, que normalmente dependem de apoios financeiros externos. Os benefícios do modelo SPI não são claros. O SPI, enquanto processo contínuo, requer um longo período de tempo, que não pode ser oferecido pelas PME. Além disso, o SPI não poderia ser aplicável devido à natureza dos projectos nas PME (Khurshid, et al., 2009). Por outro lado, muitos investigadores acreditam que as PMEs devem adotar o SPI porque o SPI pode trazer as seguintes vantagens/benefícios (Claudia, et al., 2013):

- Melhorar a qualidade do software e aumentar a produtividade
- Obter resultados de projeto mais rápidos

- Aumentar a eficácia das PME
- Abordar claramente os objectivos das PME
- Motivar os programadores para obterem melhores resultados
- Melhorar a cultura de processamento de pessoas
- Documentar o processo de forma mais profissional
- Aumentar o envolvimento das pessoas

Além disso, Staples & Niazi (2010) abordaram mais razões para embarcar no SPI da seguinte forma:

- Diminui o custo de desenvolvimento
- Reduzir o tempo de revelação
- Atender à demanda dos clientes
- Aumentar a satisfação dos clientes
- Aumentar a visibilidade da gestão do processo de desenvolvimento.

2.2 Desenvolvimento de software

No final da década de 1960, o termo "engenharia de software" foi utilizado numa conferência da Organização do Tratado do Atlântico Norte para debater a crise do software. Este termo refere-se à utilização de ideias de engenharia para desenvolver software e para resolver problemas comuns de desenvolvimento de software. O termo foi cunhado devido à crise do software e foi utilizado nas seguintes questões:

- Projectos que ultrapassam o orçamento e o prazo
- Software ineficiente e de baixa qualidade
- Software não entregue
- Os requisitos não foram cumpridos e o software não pode ser mantido.

Como o desenvolvimento de software está a tornar-se um processo de organização científica, surgiram novos modelos, como o CMM e o ISO, para controlar a qualidade do software e liderar o desenvolvimento de software. Por outro lado, alguns métodos como o QFD e o FMEA foram aplicados na produção de software como um campo de garantia de qualidade (Zhang, et al., 2013), mas muitos engenheiros de software utilizaram terminologias como método, processo e modelo de processo como substitutos, porque as diferenças entre eles não foram bem abordadas.

O processo de desenvolvimento de software é uma sequência de acções relacionadas para produzir software desde o início até ao fim. Além disso, (Pfleeger & Atlee, 2009) consideram que a melhor forma de designar um processo de software é organizá-lo num modelo; este modelo é designado por modelo de processo de software. O modelo de processo de software é definido como "uma descrição simplificada de um processo de software que é apresentado a partir de uma perspetiva particular" (Sommerville, 2011). A palavra método é definida como "um procedimento ou processo para atingir um objeto como uma forma, técnica ou processo de ou para fazer algo. O método implica uma disposição lógica ordenada, geralmente em etapas" (Merriam-Webster Incorporated, 2016). Do ponto de vista da engenharia de software, um método de desenvolvimento de software pode ser visto como uma integração de técnicas e actividades que, de forma sistemática e estrutural, conduzem ou ajudam a produzir um software.

2.2.1 Processos de software

Normalmente, os processos de software contêm as práticas fundamentais de engenharia de software associadas às fases básicas de desenvolvimento de software, como a recolha de requisitos (análise), a conceção de software, a implementação, etc. Para além de quaisquer práticas secundárias de engenharia de software, como a reengenharia, a reutilização, a criação de protótipos, etc. O ciclo de vida do software é a base para a construção da maioria dos processos de software e é o mais importante dos fundamentos da engenharia de software. Em geral, o ciclo de vida do software tem sete fases principais, como mostra a Figura 1.

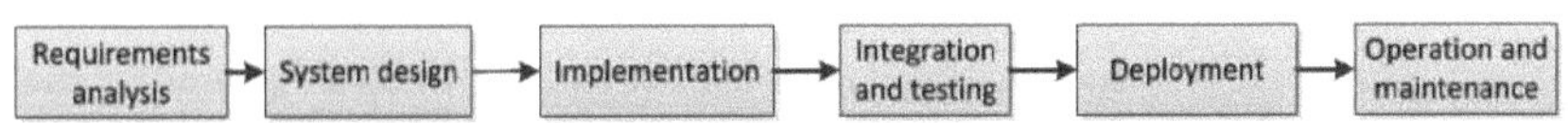

Figura 1: Ciclo de vida do software (Pfleeger & Atlee, 2009)

O processo de software é uma combinação de enormes práticas de engenharia de software, como a codificação, os testes e a conceção, e de práticas de gestão, como a gestão da configuração e a gestão de projectos. As empresas de software combinam estas práticas para desenvolverem em conjunto um processo de criação ou desenvolvimento de software. No entanto, estes processos baseiam-se nos tipos de projectos das empresas, na capacidade e nas competências dos seus recursos humanos e no seu orçamento. Uma vez que não existe um processo de software ideal que se adeqúe a todas as empresas de software, são combinados diferentes processos. A qualidade e a eficiência - como atributos do processo de software - são muito importantes porque afectam o custo e o tempo de desenvolvimento do software e é por isso que os engenheiros de software especializados se concentram na qualidade do processo de software, mas a avaliação da qualidade é muito difícil, uma vez que o processo de software não é um objeto tangível (Sommerville, 2011). No entanto, Sommerville (2011) propõe algumas características, que representam diferentes características do processo de software, que funcionam em conjunto com o processo para garantir o nível de maturidade, o que aumenta a compreensibilidade, a normalização, a visibilidade, a mensurabilidade, a suportabilidade, a aceitabilidade, a fiabilidade, a robustez, a capacidade de manutenção e a rapidez. Estas características são escolhidas em função das necessidades da empresa de software e dos projectos disponíveis.

2.2.2 Modelos de processos de software

Não existe um processo de software ideal para todas as empresas de software porque estas empresas diferem em muitos aspectos, como as suas estruturas, dimensões, competências, capacidade e recursos humanos. As empresas de software constroem as suas directrizes de processos de software a partir de modelos de processos de software bem conhecidos e de métodos de desenvolvimento de software, que conduzem a processos de software adequados e eficazes. Historicamente, a maioria dos modelos de processos de software surgiu no início da década de 1970 e havia mais de 100 deles, mas apenas alguns ainda são reconhecidos. Estes modelos são apresentados a seguir, uma vez que são bem conhecidos e amplamente utilizados.

2.2.2.1 Modelo em cascata

O modelo em cascata é o modelo mais comummente utilizado, tendo sido iniciado na engenharia de construção por Winston Royce em 1970, com as seis fases seguintes:
1. Especificação dos requisitos.
2. Conceção.
3. Construção.
4. Integração.
5. Ensaios.
6. Manutenção.

O processo passa da fase superior para a seguinte numa ordem sequencial e é por isso que se chama modelo em cascata (Sommerville, 2011). O modelo é rígido. Uma fase deve ser concluída na íntegra para se passar à fase seguinte; no entanto, com o passar do tempo, o modelo original foi melhorado, pelo que, atualmente, diferentes pessoas utilizam o modelo com pequenas ou grandes diferenças. Um exemplo é o modelo em cascata de Sommerville (2011), apresentado na Figura 2 (Sommerville, 2011). Para além da rigidez, a documentação pesada é outro problema. Cada fase tem muita documentação para o desenvolvimento de software e a cascata não suporta alterações de requisitos, pelo que é mais adequada para grandes projectos em que os requisitos estão bem definidos no início e não serão alterados durante o tempo de vida do projeto (Sommerville, 2011).

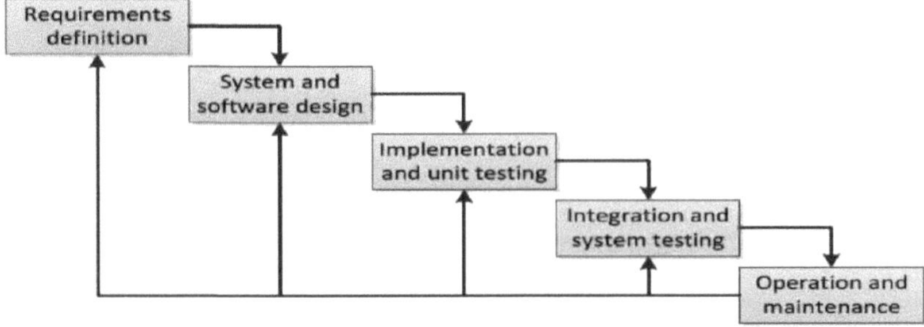

Figura 2: Modelo em cascata (Sommerville, 2011)

2.2.2.2   Modelo em V

O modelo em V é outra forma do modelo em cascata. É o resultado do aperfeiçoamento do modelo em cascata, como se mostra na Figura 3. O modelo em V mostra as relações entre as fases do processo de software e as práticas de garantia de qualidade com elas relacionadas. Quando o desenvolvimento se processa no lado esquerdo do modelo, os problemas são facilmente distinguíveis com ilustrações mais abrangentes; e estas apresentam soluções para os problemas. Por outro lado, depois de gerar o código, o teste sobe para o lado direito do modelo. No lado esquerdo do modelo, são executadas algumas práticas de garantia de qualidade que validam todos os resultados do processo de desenvolvimento. Tecnicamente, o modelo em V é outra representação do modelo em cascata que oferece um método para visualizar as práticas de verificação e validação adoptadas na engenharia de software como o desenvolvimento do projeto (Pressman & Maxim, 2010).

2.2.2.3   Modelo de desenvolvimento iterativo

O modelo de processo iterativo divide o desenvolvimento num grupo de pequenas iterações, como se mostra na Figura 4. As iterações são equivalentes a uma cascata de fases habituais de desenvolvimento de software, que terminam num produto de software inicial (Maciaszek & Liong, 2006). Ao aceder a este produto de software, os clientes dão feedback e melhoram os seus requisitos, uma vez que o resultado de cada iteração é o input para a seguinte. Quando o produto de software desejado estiver completamente produzido, a série de iterações termina.

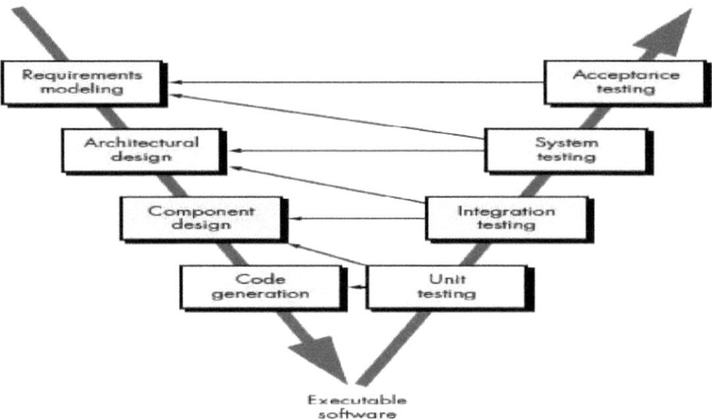

Figura 3: Modelo em V (Pressman & Maxim, 2010)

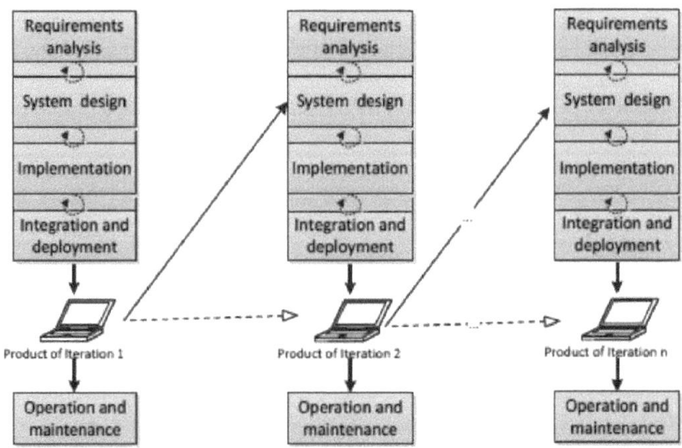

Figura 4: Modelo de processo iterativo (Maciaszek & Liong, 2006)

2.2.2.4   Desenvolvimento ágil de software

O método ágil consiste em desenvolver o software de forma iterativa e incremental, em que as alterações aos requisitos são adoptadas sem problemas ao longo do processo de desenvolvimento. Muitos desenvolvedores de métodos ágeis concordam que todos esses métodos são baseados e replicados no manifesto ágil (Pressman & Maxim, 2010). No entanto, nem sempre é recomendado o uso de métodos ágeis, por exemplo, em grandes projectos ou sistemas críticos (Sommerville, 2011). Pressman e Maxim (2010) mencionaram cerca de 12 princípios ágeis que os métodos de desenvolvimento devem seguir para alcançar a agilidade.

2.2.2.5   Scrum

O Scrum é um método ágil que dá mais ênfase ao aspeto da gestão, que tem 3 fases, como mostra a Figura 5. A primeira fase é o planeamento, que destaca o objetivo geral do projeto e a visão arquitetónica do sistema. A segunda fase consiste numa cadeia de sprint; e cada sprint aumenta a funcionalidade do software. A terceira fase consiste em encerrar o projeto, preparando os documentos obrigatórios para o sistema e avaliando as lições aprendidas com esta experiência (Sommerville, 2011).

Em 1995, foi inicialmente formado como um método adaptativo e rápido que se concentra em tornar o desenvolvimento mais flexível e produtivo. O objetivo do método ágil é resolver as dúvidas do projeto utilizando o método empírico e controlando de forma constante o processo de desenvolvimento. São necessárias pessoas autónomas e independentes para trabalhar na equipa Scrum, que trabalham num sprint que normalmente demora 2 a 4 semanas de iterações (Schwaber & Beedle, 2001).

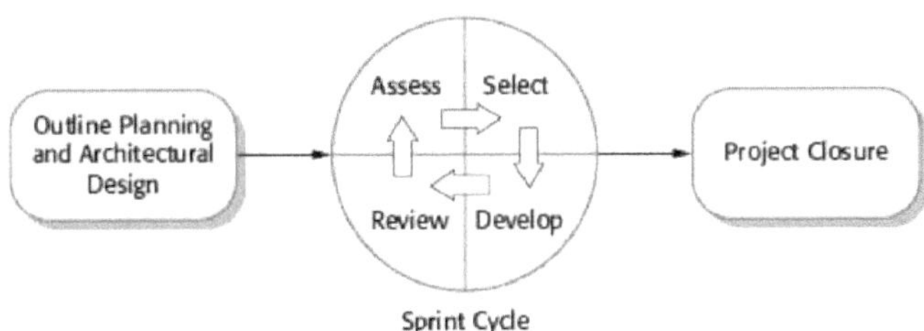

Figura 5: O processo Scrum (Sommerville, 2011)

2.2.2.6   XP

Outro método ágil excessivamente utilizado é o XP, que se concentra no aumento da qualidade e na satisfação dos clientes, uma vez que este método utiliza as melhores práticas de programação a um nível extremo. É utilizado um termo designado por histórias de utilizadores para representar os requisitos, e os clientes dão prioridade a estas histórias como entrada para um plano de lançamento. Cada história é dividida num grupo de tarefas com uma estimativa da mão de obra e do período necessário para cada tarefa; os programadores e os testadores trabalham em conjunto para cada tarefa antes da codificação. É assim que o processo XP funciona, como se mostra na Figura 6. O código deve passar todos os testes de integração e de aceitação e a aprovação do utilizador no final da iteração (Pressman & Maxim, 2010). O método XP tem as seguintes características: planeamento incremental, pequenas versões, conceção simples, desenvolvimento com base nos testes, refactoring, programação em pares, propriedade colectiva, integração contínua, ritmo sustentável e cliente no local.

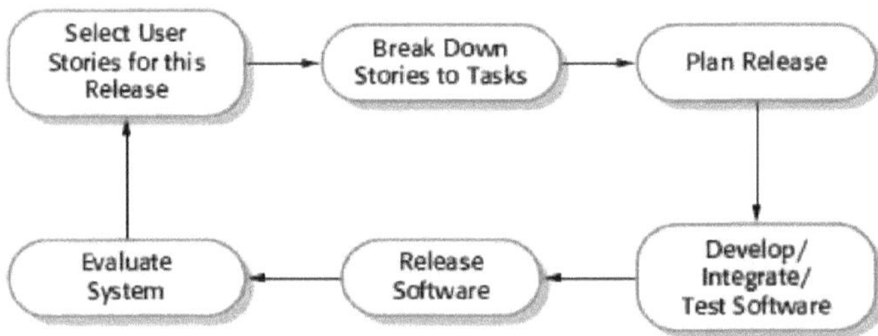

Figura 6: O processo XP (Sommerville, 2011)

2.2.2.7   Kanban

A Toyota desenvolveu um método chamado Kanban. Baseia-se no JIT e no sistema Lean. Este método é considerado novo, mas está a tornar-se muito popular, pois é um processo incremental e evolutivo como uma metodologia ágil ou um princípio lean (Al-Baik & Miller, 2014). Em comparação com outros métodos ágeis, como o Scrum e o XP, o Kanban é mais flexível, sem iterações, sem definir reuniões padrão, papéis específicos ou artefactos (Kniberg & Skarin, 2010). É também um dos métodos mais bem-sucedidos para mudar a gestão, que enfatiza os seguintes elementos, conforme definido por Anderson (2010): visualizar o fluxo de trabalho, o trabalho em andamento, gerenciar o fluxo, tornar as políticas explícitas e implementar ciclos de feedback.

2.3 Melhoria do processo de software (SPI)

Para melhorar o software das empresas e aumentar a sua produtividade e eficácia, a IPS é recomendada como o melhor método (Paula & Alberto, 2010). Ao realizar a IPS, essas empresas podem continuar a obter benefícios monetários à medida que melhoram a qualidade dos seus processos de software, pois isso reduzirá o custo e o tempo de desenvolvimento de produtos de software de boa qualidade (Sommerville, 2011). Normalmente, a IPS concentra-se nas necessidades das organizações de software e nos pontos fracos das práticas actuais. A maioria dos engenheiros de software acredita que o SPI deve ser repetido e deve ser usado sem parar, embora tenham uma opinião diferente sobre as fases do SPI (Sommerville, 2011). O modelo PDCA é o modelo cíclico de SPI mais conhecido, introduzido por Walter Shewhart. O nome do modelo é retirado das quatro fases repetitivas: planear, fazer, verificar e agir. Estas fases organizam os esforços de desenvolvimento contínuo. Na fase de planeamento, são definidos a visão e os objectivos e, em seguida, são identificadas as actividades de melhoria. Na fase de fazer, um processo específico está a ser alterado em pequena escala. Na fase de verificação, com base nos objectivos de melhoria, o processo é avaliado, reavaliado e medido à medida que o processo é analisado e comparado com resultados previsíveis. Na fase de atuação, as melhorias são dirigidas a uma grande escala.

O roteiro é muito importante para qualquer iniciativa SPI, uma vez que deve incluir objectivos e visão bem definidos. O roteiro fornece directrizes essenciais para os esforços de melhoria necessários para as melhorias desejadas no processo. As abordagens SPI podem ser orientadas por um modelo de referência ou indutivas, baseando-se inteiramente no processo escolhido para o roteiro de melhoria. A abordagem baseada num modelo de referência concentra-se nos esforços necessários para normalizar o processo contínuo e introduzir as práticas sugeridas. Por outro lado, o SPI indutivo concentra-se na abordagem dos problemas, carências e falhas do processo e na forma de os resolver.

2.3.1 SPI acionado por modelo de referência

O SPI orientado pelo modelo de referência guia a melhoria do processo na empresa em direção ao processo sugerido por ele. Trata-se de um esforço de melhoria para normalizar o processo de modo a realizar os processos aprovados e as melhores práticas por ele incentivadas. O modelo mais conhecido é o CMMI, que se destina a orientar a empresa de software para avaliar o estado do seu processo e descobrir a possibilidade de o melhorar. No entanto, estes modelos não oferecem procedimentos sobre como alterar o processo e efetuar as melhorias necessárias; por conseguinte, as orientações de melhoria e os modelos de processo devem apoiá-lo. Consequentemente, o IDEAL é um modelo de apoio ao CMMI (Pressman & Maxim, 2010).

2.3.1.1   Modelos de referência de processos

O CMMI tem 5 níveis de maturidade que ajudam as empresas a prever e a medir o seu desempenho e dão uma indicação completa da sua maturidade do processo, que é aplicada como quadro SPI, como mostra a Figura 7. No nível um, as empresas dependem geralmente muito dos esforços heróicos dos seus programadores em vez de terem um processo bem definido, embora existam alguns processos definidos. No nível dois, as empresas têm alguns processos básicos de gestão dos seus projectos para controlar os custos e os prazos em que os novos projectos foram planeados e geridos; este exercício baseia-se na experiência de um projeto semelhante. No nível três, as empresas têm um processo normalizado de gestão e engenharia com documentação, em que os projectos utilizam o processo normalizado da empresa para desenvolver software. No nível quatro, as empresas têm algumas métricas de qualidade para os seus produtos e os seus processos de software têm mais pormenores, em que as variações de desempenho do processo são distinguidas do ruído e das tendências acidentais; e a qualidade dos produtos pode ser esperada. No nível cinco, as empresas dispõem de métodos de feedback quantitativos para reconhecer as falhas e os pontos fortes dos seus processos, em que os defeitos são analisados pelas equipas de projeto para descobrir as suas causas; os seus processos são sempre avaliados para evitar que todos os tipos de defeitos voltem a acontecer (Pressman & Maxim, 2010).

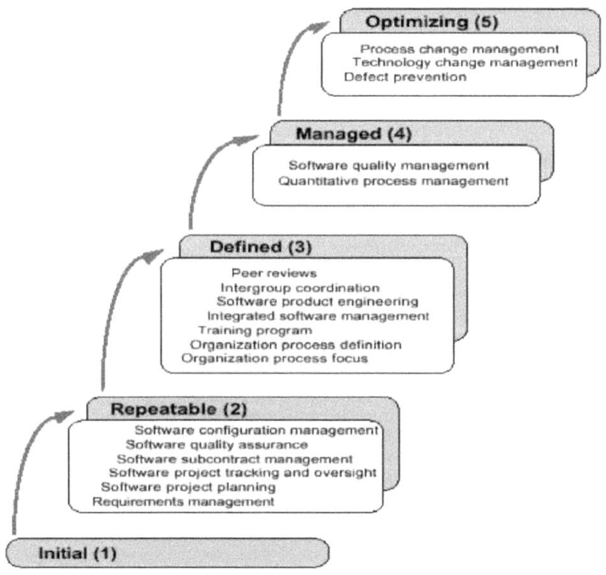

Figura 7: KPAs do CMMI (Pressman & Maxim, 2010)

2.3.1.2 Modelo IDEAL para implementação CMMI

O CMMI, enquanto modelo de referência, necessita de orientações, por exemplo, o modelo IDEAL para o apoiar. O modelo IDEAL consiste em orientações para iniciar, planear e implementar as actividades de melhoria necessárias. Este modelo é frequentemente considerado um roteiro para a implementação do CMMI e tem as seguintes fases

1. Inicializar: iniciar a melhoria.

2. Diagnosticar: avaliar o estado atual do processo.

3. Estabelecer: estabelecer a estratégia para implementar a melhoria.

4. Atuar: fazer os melhoramentos.

A Figura 8 mostra que estas quatro fases têm actividades diferentes que representam o processo de melhoria contínua (McFeeley, 1996).

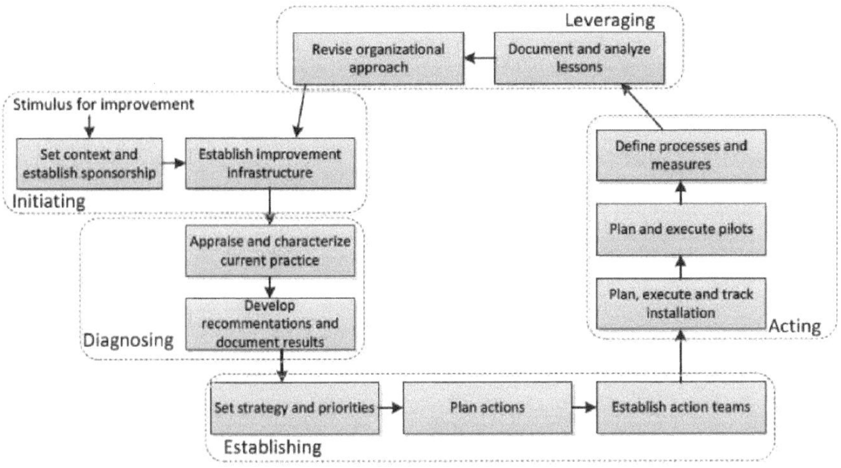

Figura 8: Modelo IDEAL (McFeeley, 1996)

2.3.2 SPI indutivo

Ao contrário dos modelos de referência, as abordagens SPI indutivas não introduzem qualquer novo processo, pelo que se concentram no reconhecimento da empresa, do seu processo e dos seus problemas. Oferecem directrizes para resolver os problemas e eliminar os defeitos do software, pelo que, por vezes, estas abordagens são conhecidas como SPI orientada para os problemas. Os seus esforços centram-se nas necessidades e objectivos organizacionais e incluem a aprendizagem a partir de experiências anteriores ao determinar os métodos de SPI. No entanto, as abordagens indutivas de SPI fornecem modelos de processos para a modificação e execução de melhorias. As abordagens indutivas de SPI mais conhecidas são o QIP e o Six Sigma.

2.3.2.1 Paradigma da melhoria da qualidade

O QIP é um modelo utilizado para melhorar o processo que ajuda a empresa a melhorar os processos utilizando a sua experiência em vez de tentar utilizar um novo modelo de referência. Este modelo é inspirador porque tira partido da experiência adquirida e aumenta a reutilização através da recolha e formação das melhores práticas. O ciclo do projeto e o ciclo organizacional são as duas partes principais deste modelo. Com base nestas duas partes, a melhoria dos processos começa por caraterizar e compreender os processos existentes, seguindo-se a definição dos objectivos e, depois, a seleção de novos processos, ferramentas e métodos e a sua implementação no ciclo do projeto. Uma vez terminado o projeto, os resultados são recolhidos e analisados; em seguida, é feito o acondicionamento e os resultados são armazenados, como mostra a Figura 9 (Kinnula, 2001).

Figura 9: Modelo QIP (Kinnula, 2001)

2.3.2.2 Seis sigma

Em 1985, a Motorola desenvolveu o Seis Sigma como um processo de fabrico; mais tarde, foi apresentado como um modelo de melhoria de processos que está normalmente associado ao Lean. É visto como um método de gestão para melhorar os processos de engenharia que tenta melhorar os processos determinando e removendo os custos adicionais que não têm valor para os clientes, como encontrar e reparar bugs no software que são considerados custos de desperdício. O Seis Sigma utiliza a estratégia de medição para determinar como o processo está a funcionar e como cumpre a tarefa de reduzir os custos, aumentar a satisfação dos clientes e aumentar os rendimentos e os lucros (Pyzdek & Keller, 2010). O DMAIC é um modelo de melhoria do processo que orienta os esforços de melhoria, com cinco fases iterativas para melhorar os processos actuais, que é fornecido pelo Seis Sigma. Outro modelo de melhoria utilizado pelo Seis Sigma é o DMADV para conceber um novo processo (ISixSigma, 2010).

2.3.3 Ambiente SPI

Zahran (1998) salienta a importância do ambiente para o processo de software que conduzirá à melhoria contínua do processo de software. Este ambiente contém um mecanismo que facilita a cultura do processo e a iniciativa das infra-estruturas, o que apoia ainda mais o desenvolvimento do software. Para conseguir este mecanismo organizacional, as PME devem estabelecer os seguintes aspectos: documentar o processo, formar para o processo, medir os resultados do processo, monitorizar o processo, ter em conta o feedback dos utilizadores e do ambiente externo e inspecionar e aplicar o processo. A estrutura de Zahran é constituída pelos quatro componentes seguintes, que devem ser implementados para criar um ambiente de IPS (Zahran, 1998):

1. Infraestrutura do processo de software: A infraestrutura inclui recursos humanos e recursos técnicos, que apoiam os processos de software e também apoiam os esforços de IPS. Os recursos humanos desempenham funções como o patrocínio, a gestão, a coordenação e a criação de equipas para estabelecer, monitorizar e aplicar o ambiente de IPS.

2. O roteiro de melhoria: Identifica o estado do processo que tem de ser alcançado pelo processo de software e os padrões para alcançar os objectivos. O método CMMI, o SPICE ou as versões personalizadas devem satisfazer as necessidades da organização, uma vez que é muito importante para a organização definir os objectivos do esforço SPI e estabelecer um roteiro claro.

3. A avaliação do processo: O método de avaliação está sempre relacionado com o roteiro selecionado. Tem de identificar as técnicas para avaliar o processo e a infraestrutura de software da empresa.

4. O plano de ação de melhoria: Os resultados da avaliação do processo são transformados em acções específicas de mudança, que devem ser executadas para melhorar o processo. A mudança é introduzida na empresa essencialmente através da execução destas acções. O plano de ação inclui uma lista de acções, etapas, recursos e orçamento.

2.4 Melhoria da organização

O sucesso da iniciativa SPI depende necessariamente da qualidade da definição dos componentes SPI, ou seja, do roteiro e do método. Estas componentes dão ênfase a tecnologias, ferramentas e procedimentos para gerir e organizar os processos da iniciativa SPI. No entanto, não é suficiente para o sucesso do SPI, o sucesso do SPI também depende de outros aspectos do SPI, como o contexto e as pessoas (Ferreira & Wazlawick, 2011). Como a iniciativa SPI leva à mudança de processos de software, que também afectam a organização, os seus funcionários e os seus comportamentos. Esta mudança como resultado de iniciativas de SPI no lado do negócio da organização é chamada de mudança organizacional (Pries-Heje & Johansen, 2010).

A mudança organizacional tem quatro componentes importantes: O primeiro componente são as estruturas formais, que indicam a distribuição dos recursos e a transferência de responsabilidades para as pessoas. O segundo componente é o processo de trabalho, que indica o processo a ser alterado. O terceiro componente é o sistema e as crenças partilhadas. Indica os valores, pontos de vista e crenças comuns das pessoas na organização. A quarta componente é a relação social, que indica a comunicação pessoal e o intercâmbio entre os trabalhadores. As duas primeiras componentes podem ser tratadas num ambiente de IPS através de diferentes modelos de maturidade de processos. No entanto, para que a mudança do processo seja bem sucedida, devem ser introduzidas alterações nas duas últimas componentes, que são consideradas na criação da cultura organizacional (Nguyen-Huy, 2001).

2.4.1   Gerir a mudança

A iniciativa SPI necessita de uma gestão ativa da mudança, uma vez que a maior parte dos problemas dos projectos de iniciativa SPI provêm das organizações e das pessoas, porque a melhoria dos processos exige muitas mudanças, o que pode levar à resistência das pessoas. Por conseguinte, o sucesso da iniciativa SPI depende em grande medida da gestão da mudança organizacional (Ferreira & Wazlawick, 2011).

A fim de gerir eficazmente a mudança organizacional, a SPI tem de desempenhar o seu papel, uma vez que estas mudanças afectam a cultura organizacional. Além disso, tendo em conta as opiniões dos investidores sobre a mudança, a gestão da mudança deve estar consciente das mudanças culturais e criar uma estratégia com um plano adequado.

É difícil escolher um método adequado para gerir a mudança porque existem muitos métodos, mas dificilmente associados ao conceito de mudança organizacional do SPI (Heikkila, 2009).

O modelo de Kurt Lewin continua a ser um dos métodos de mudança organizacional mais reconhecidos e aplicáveis até hoje. O modelo concentra-se na mudança suave das práticas sociais e dá mais atenção aos costumes e valores sociais que são difíceis de mudar porque as pessoas resistem à mudança. Para lidar com pessoas teimosas, o modelo propõe ferramentas como normas e procedimentos de grupo. Sugere a formação de grupos de pessoas e proíbe a mudança de pessoas individualmente. No entanto, a empresa pode gerir com sucesso a organização através de três passos simples. O primeiro passo consiste em informar as pessoas sobre as normas, os procedimentos e as regras da empresa e, em seguida, explicar os actuais desafios e problemas que a empresa enfrenta, bem como partilhar com elas as possíveis medidas a tomar para melhorar e mudar. O segundo passo é adotar novas ferramentas, normas e valores para alterar o processo e a estrutura da organização. O terceiro passo é envolver a mente das pessoas com as novas mudanças nos padrões, procedimentos e regras da empresa. É necessário porque o espírito das pessoas pode voltar ao seu estado inicial se as novas mudanças não forem bem fundamentadas e aceites (Bartoli & Hermel, 2004).

Além disso, com base no modelo de Lewin, o modelo de Kotter continua a ser um dos métodos de mudança organizacional mais reconhecidos e aplicáveis até hoje. Propôs um método alargado para as mudanças organizacionais, centrado na liderança e no apoio, composto pelas oito etapas seguintes (Kotter, 1995):

1. Inicializar: iniciar o programa de melhoria (formando o sentimento de urgência).
2. Estabelecer uma coligação de forte orientação.
3. Gerar uma visão.
4. Partilhar a visão.
5. Capacitar as pessoas para a visão.
6. Planear e obter ganhos rápidos.
7. Promover melhorias e produzir mais mudanças.
8. Institucionalizar as abordagens recentes.

Este modelo destinava-se a gerir o processo de melhoria em situações industriais (Hayes & Richardsson, 2008). Kandt (2003) melhorou-o para atender às necessidades específicas do SPI. Ele abordou questões relacionadas com a gestão das mudanças organizacionais para o SPI, mas concentrando-se na combinação dos problemas organizacionais e culturais, que estavam relacionados com a aceitação das mudanças de processo pelos profissionais na forma de um programa com os seguintes 10 passos: (Kandt, 2003):

1. Identificar a visão da organização.
2. Esclarecer a necessidade urgente de mudança.
3. Identificar o esforço necessário para a mudança.
4. Obter o apoio e a obrigação da direção.
5. Aceitar a nova abordagem para as alterações.
6. Definir e moderar os riscos.
7. Estabelecer a formação necessária para a mudança.
8. Estabelecer um programa de recompensas para a mudança.
9. Comunicar o esforço de mudança com frequência e de forma ineficaz.
10. Avaliar a produtividade das pessoas e a qualidade dos produtos.

O modelo de Kandt centra-se na mudança dos factores sociais. Sugeriu que, para introduzir a mudança no processo de software, a empresa deve adotar quatro princípios importantes, que são: criar uma visão, conseguir o compromisso, incluir os profissionais e comunicar a visão da mudança à empresa.

Em conclusão, a direção deve convencer as pessoas a aceitarem as mudanças no processo. O processo SPI deve ser claramente orientado e gerido. Deve persuadir e formar as pessoas para a mudança desejada e incluí-las no círculo da mudança. Além disso, o processo de mudança deve ser acompanhado de uma visão clara e de uma liderança fiável.

2.4.2 Mudança da cultura organizacional

O fator mais importante para o sucesso do SPI é a mudança organizacional. Ao mesmo tempo, o grande desafio da mudança organizacional é alterar os valores partilhados e as relações comuns, que são conhecidos como cultura organizacional. A cultura atual deve mudar para se adaptar aos novos processos de implementação, lidando com pessoas diferentes que mostram o seu empenho e resistência (Heikkila, 2009). A principal barreira para a adoção do Agile é a cultura organizacional. Um inquérito da Version One mostra que 52% das empresas de TI inquiridas concordaram que a cultura organizacional é o grande desafio das suas empresas (Version One, 2013). É difícil determinar o efeito cultural no SPI e a maioria das pesquisas sobre SPI concentra-se inteiramente na tecnologia e no procedimento do SPI, sem dar atenção suficiente à cultura organizacional (Sahota, 2012).

Todas as empresas, incluindo as empresas de TI, têm uma cultura e uma identidade específicas, que são consideradas como cultura organizacional. Esta cultura contém os valores, pontos de vista e políticas fundamentais e, ao longo do tempo, estes tornam-se parte integrante das regras, processos, práticas e da forma como as coisas são geridas nas empresas (Anderson & Ackerman, 2010). Todas as empresas devem compreender as suas culturas organizacionais, encontrar as mudanças necessárias que se adequam a elas, apoiar e gerir as mudanças esperadas no seu processo de software; de alguma forma, existem alguns modelos de cultura organizacional para analisar as culturas organizacionais das empresas.

Um modelo de cultura organizacional bem conhecido é o chamado modelo de cultura. Foi criado por William Schneider para analisar e medir a cultura da empresa. Cada empresa de sucesso tem uma cultura que está aliada à estratégia e às práticas de liderança da empresa. Este modelo sugere quatro tipos de culturas importantes numa organização (Schneider, 2000):

1. Cultura de controlo: Nesta cultura, o foco está em atingir o objetivo da empresa e tem a energia como motivo principal. Garante a convicção, a previsibilidade, a proteção, a exatidão e a fiabilidade.
2. Cultura de colaboração: Nesta cultura, o foco está no conhecimento combinado das pessoas e tem a sinergia como motivo principal. Garante a unidade e uma forte relação com os clientes.
3. Cultura da competência: Concentra-se na realização dos objectivos conceptuais. Garante a distinção e a exclusividade.

4. Cultura de cultivo: Nesta cultura, as organizações centram-se na motivação dos indivíduos através do auto-conhecimento, ideias e valores. Garante o crescimento dos clientes e a realização do seu potencial.

A possibilidade de sucesso do esforço de mudança é maior quando o novo processo de software se adequa à natureza da cultura organizacional atual. No entanto, a possibilidade de sucesso do esforço de mudança é muito menor quando o novo processo de software não se adequa à natureza da cultura organizacional atual e é modificado para a mudança desejada. É muito melhor gerir o trabalho com a cultura atual do que entrar em conflito com ela, pelo que a empresa deve compreender a sua cultura, os seus pontos fortes e fracos (Schneider, 2000).

Além disso, Sahota alterou o modelo de cultura. Introduziu o modelo de compatibilidade e mudança cultural. Elaborou um guia descritivo para regular a cultura organizacional para a implementação do método ágil. Combinou alguns métodos ágeis com o modelo de cultura de Schneider e demonstrou que estes métodos dominam a cultura. A Figura 10 mostra que o modelo de Sahota se destina a alterar a cultura organizacional com a adoção de processos de software. Existem duas opções para os empregados trabalharem com a cultura atual, como mostra a Figura 10. A primeira opção é trabalhar com a cultura atual sem quaisquer alterações. A segunda é estudar sabiamente as outras culturas organizacionais semelhantes e trazê-la como uma cultura secundária na organização e começar cuidadosamente a adotar os seus princípios (Sahota, 2012). Estas duas opções vão ao encontro da cultura atual.

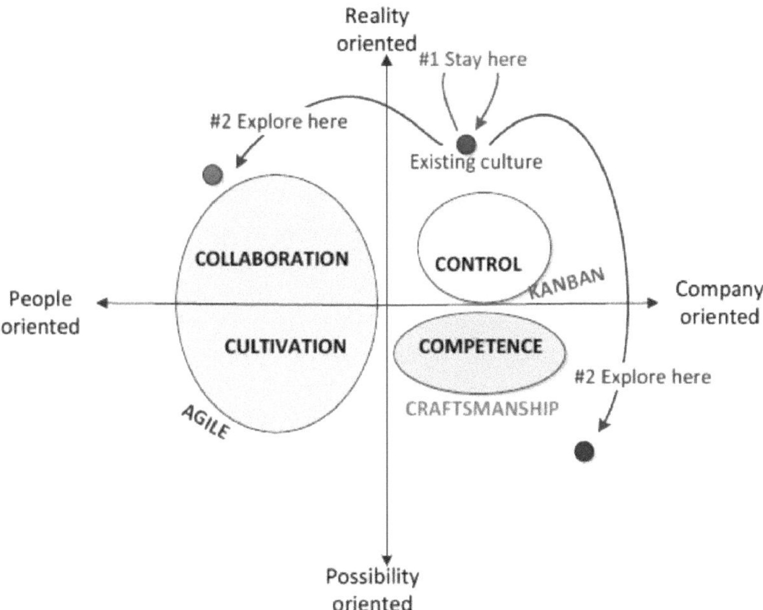

Figura 10: Compatibilidade e mudança cultural (Sahota, 2012)

2.5 Resumo de trabalhos anteriores relacionados

A maioria das PME no desenvolvimento de software acredita que a adoção do CMMI pode não ser tão bem sucedida como a adoção do CMMI nas grandes empresas (Hansen, et al., 2004). Para além disso, algumas delas acreditam que o CMMI tem processos complexos. É um quadro complexo e a burocracia pode desencorajar a atitude de aprendizagem. No CMMI, a formação e a documentação são dispendiosas,

não lhes é possível pagar (Dangle, et al., 2005). Alguns dos estudos anteriores afirmam que a teoria tradicional do CMMI se destina apenas a grandes empresas e não é adequada para as PME. Esta afirmação não é totalmente verdadeira porque os estudos mostraram que algumas PME aplicaram o CMMI e melhoraram a qualidade, o custo e o tempo de desenvolvimento (Dangle, et al., 2005). Muitos tipos de investigação empírica encorajaram as empresas de desenvolvimento de software a adotar o CMMI ou o SPI nos seus processos de software, o que parece indicar que o CMMI tem potencial para tornar o desenvolvimento mais rápido, mais barato e mais produtivo. Além disso, aumenta a satisfação dos clientes. Nos últimos tempos, muitos investigadores e profissionais têm tentado encontrar uma abordagem adequada para combinar alguns dos KPAs do CMMI e métodos e práticas ágeis, que possam ser adequados para as PME. A investigação sobre estas questões tornou-se mais popular devido às histórias de sucesso resultantes da combinação do CMMI e do método ágil. Muitos investigadores tentaram aproveitar as vantagens de ambas as abordagens e criaram novas estruturas para combinar o CMMI e o Agile. Os trabalhos de investigação realizados no passado são aqui resumidos e explicados, sendo dada a devida atenção às suas metodologias, resultados e limitações. Ao fazê-lo, são discutidas as lacunas existentes nesta área de investigação.

2.5.1 Metodologia ágil no quadro de desenvolvimento de software

Khan, et al. (2010) acreditam que as PME paquistanesas lutam para obter a certificação CMM. Têm a capacidade de obter mais lucros dos clientes internacionais que são atraídos pelas normas CMM, mas não concordam em adotar o CMM na sua indústria de software porque o CMM ainda está numa fase embrionária. No entanto, Khan et al. afirmam que as PME estão prontas a adotar um método ágil para melhorar o desempenho e aumentar a maturidade ágil como passos em direção à CMM. Utilizaram o XP como exemplo para confirmar que os métodos ágeis se podem enquadrar na CMM para que as PMEs atinjam os seus objectivos comerciais e atraiam os clientes internacionais.

Algumas características ágeis, como a programação em pares e a propriedade colectiva do código, são apresentadas em diferentes níveis do CMM e a adoção destas características ágeis diminuirá as despesas de formação e, nas fases iniciais de desenvolvimento de software, não será necessária qualquer documentação. Desta forma, as PME podem poupar capital obtendo um rendimento extra. Mais tarde, podem investir os seus lucros na criação de software de primeira classe. As PME podem produzir capital humano qualificado, projectos bem sucedidos e software e serviços de alta qualidade, adaptando as seguintes práticas ágeis como pré-requisito para o CMM na fase inicial (Khan, et al., 2010):

1. A integração contínua é adequada para a prevenção de defeitos nos KPAs de nível de otimização da CMM.
2. O Team Focus é aplicável ao processo organizacional nos KPAs de nível definido pelo CMM.
3. As normas simples de conceção e codificação são aplicáveis à engenharia de produtos de software nos KPAs de nível definido pelo CMM.
4. A programação em pares é aplicável à coordenação intergrupos nos KPAs de nível definido pelo CMM e à garantia da qualidade do software nos KPAs de nível repetível do CMM.
5. A versão reduzida é aplicável ao planeamento de projectos de software nos KPAs de nível repetível do CMM.

6. A propriedade colectiva é aplicável à gestão da configuração do software nos KPAs de nível repetível do CMM.

Khan, et al. (2010) conseguiram fazer corresponder algumas práticas de Extreme Programming (XP) que podem ser mapeadas para alguns dos KPAs do CMM, mas teoricamente. Por outro lado, cobriram apenas um método ágil a partir de práticas XP, que atribuíram cerca de 30% dos KPAs do CMM apenas. Além disso, não forneceram quaisquer provas práticas de que estas práticas XP podem substituir totalmente os KPAs CMM visados para atingir os objectivos comerciais necessários. Além disso, não forneceram quaisquer directrizes claras sobre a forma de implementar estas práticas.

2.5.2 Modelo CMMI-Scrum

Lukasiewicz & Miler (2012) criaram um modelo CMMI-Scrum para mapear algumas práticas scrum nos níveis 2 e 3 do CMMI. Acreditam que os métodos ágeis trazem valor para o negócio. Estes são rápidos e económicos devido às mudanças frequentemente necessárias. Os processos das empresas maduras dão resultados bem previsíveis em ambientes constantes. No entanto, o problema é saber como combinar estas duas abordagens para obter os melhores resultados com custos mínimos e menos falhas na mudança cultural. A aplicação de métodos ágeis pode diminuir o custo e o tempo em empresas maduras, mas, por outro lado, acrescentar maturidade a quaisquer processos ágeis aumentaria a qualidade, a capacidade de gestão e a adequação das práticas ágeis a diferentes tipos de projectos. No entanto, Lukasiewicz & Miler (2012) propuseram um modelo, que é uma combinação do modelo de maturidade CMMI e das práticas Scrum como um modelo coerente para melhorar a disciplina e a agilidade da melhoria do software. É adequado para diferentes tipos de empresas. O modelo está a ser amplamente utilizado.

O modelo CMMI-Scrum mapeia 123 práticas dos KPAs dos níveis 2 e 3 do CMMI, com base no CMMI v.1.2, para as práticas definidas pelo Scrum; no entanto, 49 práticas do CMMI são totalmente cobertas pelo Scrum e 30 parcialmente. Além disso, o modelo CMMI-Scrum cobre 60% dos KPAs do CMMI e o modelo ignorou algumas práticas no nível 3 do CMMI, que estavam relacionadas com as áreas de definição de processos organizacionais, foco e treinamento. O modelo é aplicável a qualquer organização nos níveis 2 ou 3 do CMMI. Ele visa aumentar a agilidade do seu processo e manter o seu nível de maturidade; ou serve para qualquer organização, que já tenha aplicado o Scrum e busque atingir o nível de maturidade 2 ou 3 do CMMI e queira manter a sua agilidade atual. Adicionalmente, o modelo pode ser utilizado por aquelas organizações que estão interessadas em melhorar seus processos com o CMMI e o Scrum e que já aplicaram parcialmente qualquer um deles (Lukasiewicz & Miler, 2012).

Teoricamente, o modelo CMMI-Scrum conseguiu abranger 60% das práticas CMMI de nível 2 e 3, e conseguiu dar uma aprovação prática positiva, uma vez que o modelo foi avaliado com êxito e 72% das suas práticas foram consideradas implementáveis ou possivelmente úteis. No entanto, 3,5 por cento das práticas foram rejeitadas e 24,5 por cento foram inaplicáveis. Por outro lado, o modelo baseava-se no método ágil Scrums, que abrangia apenas aspectos de gestão de projectos e não abrangia as práticas técnicas. Além disso, as práticas relacionadas com aspectos organizacionais, como a focalização no processo e a formação, foram excluídas, apesar de fazerem parte do nível 3 do CMMI, e todas as práticas dos níveis 4 e 5 do CMMI não foram incluídas no modelo.

2.5.3 Combinando o Scrum com o modelo CMMI em PMEs

Zhang & Shao (2012) acreditam que o Scrum pode resolver alguns problemas que ocorrem quando o CMMI é implementado em PMEs. Eles não concordam que o CMMI pode funcionar apenas para grandes empresas. Com base nas características das PMEs, eles estudaram a viabilidade da fusão do Scrum e do CMMI entre elas e destacaram as lacunas. Também identificaram como as PMEs poderiam adotar as práticas complementares para que o Scrum e o CMMI se apoiassem mutuamente. Por exemplo, o CMMI centra-se no que os projectos fazem e o Scrum centra-se na forma como os projectos fazem as coisas. Além disso, o Scrum oferece algumas práticas que não existem no CMMI, e o CMMI oferece algumas práticas de engenharia que fazem com que o Scrum funcione bem para grandes projectos. O CMMI também oferece algumas práticas de gestão que ajudam a melhorar a adoção do Scrum nas PME.

Zhang & Shao (2012) introduziram ideias e forneceram directrizes para combinar o CMMI e o Scrum nas PME. Uma vez que o CMMI enfatiza os processos organizacionais, estes processos categorizados a nível organizacional devem seguir as práticas do CMMI. Para as práticas de gestão de projectos, as práticas Scrum podem ser adaptadas para funcionar bem com o CMMI. Os esforços do SPI baseiam-se num processo orientado para o planeamento, tal como o CMMI, que seria melhorado através da combinação das práticas Scrum. Embora o Scrum possa identificar riscos, as práticas de gestão de riscos podem seguir o CMMI. Isto deve-se ao facto de o Scrum não determinar fontes e parâmetros para a análise e controlo dos riscos. Ele também não fornece nenhuma estratégia ou plano de mitigação para lidar com riscos críticos. Além disso, o Scrum não tem quaisquer práticas para apoiar os processos como a garantia de qualidade e a gestão da configuração. Por conseguinte, as práticas relativas aos processos de apoio devem ser retiradas do CMMI. Finalmente, o ciclo de vida do software deve ser baseado no Scrum com uma iteração de 2 ou 4 semanas para cada processo que precisa de entregar um produto de software e métodos preditivos para se concentrar no planeamento futuro (Zhang & Shao, 2012). A combinação do Scrum com o modelo CMMI nas PME foi bem sucedida. Isto deve-se ao facto de estes se terem fundido e estarem a trabalhar em conjunto de uma forma harmoniosa. No entanto, isso é apenas em termos teóricos. As práticas do CMMI e do Scrum não foram bem abordadas; considera-se apenas o Scrum e ignoram-se os outros métodos ágeis. Além disso, esta abordagem não fornece quaisquer directrizes para as práticas de engenharia de software e centra-se apenas na prática de gestão de projectos. Esta abordagem não foi testada na prática para provar que seria capaz de atingir os seus objectivos.

2.5.4 IPS para PME com base no quadro CMMI

Zhang & Shao (2011) acreditam que o SPI é a principal questão no desenvolvimento de tecnologia de software, principalmente para as PME. Como as PMEs estão empenhadas em criar software de qualidade, estão geralmente interessadas em melhorar e adotar o CMMI, mas a complexidade e o custo do CMMI levam as PMEs a considerá-lo inviável. Para as PME, introduziram um quadro melhorado baseado nos KPAs dos níveis 2 e 3 do CMMI, que tem como objetivo normalizar os seus percursos de desenvolvimento, deslocando e adaptando os KPAs do CMMI e fundindo-os com o modelo de iteração.

O quadro melhorado de Zhang & Shao (2011) divide o processo de desenvolvimento em duas partes. A primeira parte é a iteração do desenvolvimento de software, que é aplicada com as abordagens/modelos de entrega incremental e de desenvolvimento em espiral. A segunda parte é a gestão e o apoio ao projeto, que abrange o planeamento, a engenharia de requisitos, a gestão da configuração, a garantia da qualidade do processo, a análise e resolução de decisões, a medição e análise e o ambiente organizacional, como mostra a Figura 11 (Zhang & Shao, 2011).

O SPI para PMEs baseado na estrutura CMMI pode melhorar a produtividade dos engenheiros e dar-lhes a consciência necessária para acelerar o processo de melhoria do valor comercial da organização. Esta estrutura não aproveitou totalmente as vantagens dos métodos ágeis e não abrangeu nenhuma das práticas dos KPAs dos níveis 4 e 5 do CMMI. Além disso, esta abordagem não apresentou qualquer experiência prática para mostrar a possibilidade de as PME a adoptarem e como esta estrutura pode dar vantagens ao processo de desenvolvimento de software nas PME.

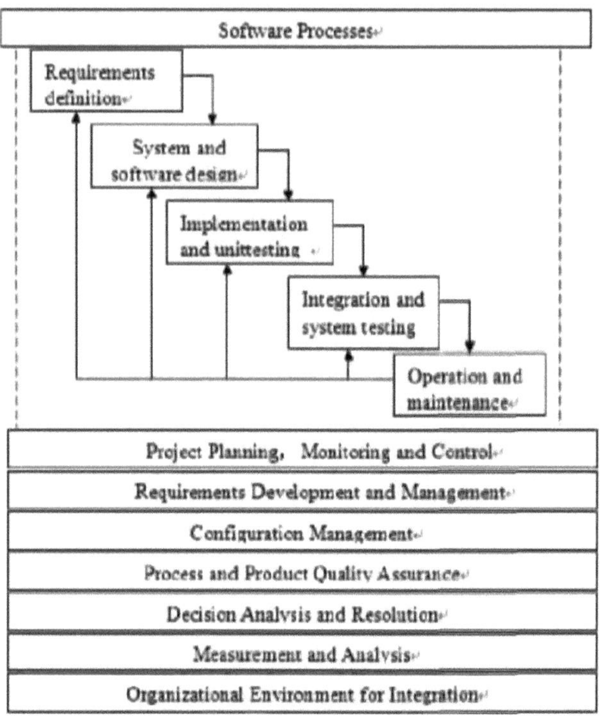

Figura 11: A estrutura (Lina & Dan) melhorada (Zhang & Shao, 2011)

2.5.5 Combinando o CMMI e o quadro Six Sigma

Habib, et al. (2008) desenvolveu um novo quadro designado por combinação do CMMI e do Six Sigma. Este quadro ajuda as PME a aumentar a melhoria do processo nas PME. Adopta o CMMI, adaptando-o às suas necessidades e combinando-o com a metodologia DMAIC, o que pode reduzir o tempo necessário para atingir os níveis 2 e 3 do CMMI. Acreditam que o SPI baseado no CMMI requer um investimento considerável que inclui capital, esforços e tempo das organizações; é mais complicado para as PME. No entanto, tornou-se fundamental para estas empresas iniciarem as iniciativas de IPS para obterem uma oportunidade competitiva importante e sobreviverem na indústria.

A combinação do CMMI e do quadro Seis Sigma utiliza o Seis Sigma para melhorar o controlo das actividades do SPI, uma vez que a análise e as documentações de controlo do Seis Sigma abordam a maior parte das práticas do CMMI, pelo que as organizações não necessitam de envidar esforços adicionais. A combinação das duas abordagens ajuda a identificar as áreas do processo que devem ser melhoradas. Identifica também um projeto com uma duração mínima de 3 a 6 meses e são designadas três pessoas para desempenharem as funções de campeão Six Sigma e de cintos negros. Neste caso, o chefe da organização deve ser o campeão e o gestor do projeto deve ter a cinta negra. As listas de factores CTC são identificadas e apresentadas na Figura 12. Como resultado da aplicação das 5 fases da metodologia DMAIC a este projeto, que precisa de ser melhorado, as PME aumentarão a barra de capacidade para o nível de maturidade 3 e obterão a certificação CMMI (Habib, et al., 2008).

A estrutura criada pela combinação do CMMI e do Six Sigma é útil para melhorar a capacidade das organizações e ajudá-las a obter a certificação CMMI. Também lhes fornece um conjunto de ferramentas e modelos que podem ajudar as PME a reduzir os artefactos e o tempo necessário para atingir o nível CMMI desejado. Por outro lado, a viabilidade e a eficácia deste BC6S no mundo real podem ser consideradas desconhecidas, uma vez que não foi implementado e avaliado na prática para determinar a sua adequação às PME e a forma como pode acelerar a adoção do CMMI. Além disso, este quadro adaptado não abrange as práticas dos KPAs dos níveis 2 e 3 do CMMI, que estão relacionadas com a engenharia de software, uma vez que se baseia num método ágil, o Six Sigma. Também não abrange todas as práticas dos níveis 4 e 5 do CMMI.

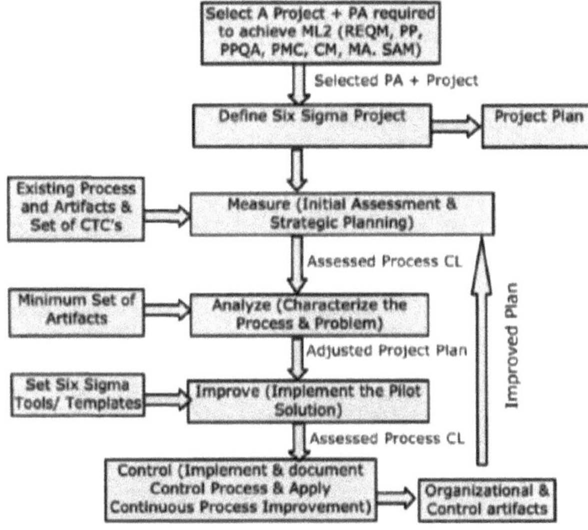

Figura 12: Quadro BC6S (Habib, et al., 2008)

2.5.6 Esforço de abordagem do quadro de implementação do IPS

Mata, et al. (2015) acreditam que as PME desempenham um papel significativo no sector do desenvolvimento de software. Consideram que a garantia da qualidade do software é necessária porque motiva as PME a implementar a melhoria contínua da qualidade. Infelizmente, a maioria das PMEs não tem conhecimento suficiente para abordar os esforços do SPI e não sabe por onde começar, o que cria muitos obstáculos no caminho da implementação do SPI, dificultando assim o alcance dos objectivos. Os autores sugeriram uma estrutura para abordar os seus esforços de melhoria contínua com base na resolução dos seus problemas, necessidades e cultura actuais como ponto de partida. Oferece informações relacionadas com métodos, modelos e práticas ágeis a serem considerados e implementados.

Mata, et al. (2015) desenvolveram uma estrutura para ajudar as PME a identificar os principais problemas como ponto de partida e como guia para a implementação do SPI. Com base nas características e desafios das PMEs, um grupo de padrões de processo a ser utilizado para a identificação da situação atual das PMEs, e esses padrões seriam seleccionados que ligam a situação atual. Em seguida, a estrutura oferece informações; com base nisso, as PMEs podem estabelecer um ponto de partida para abordar os esforços do SPI. O quadro baseia-se em três elementos: Um grupo de padrões de processo, um método de seleção de padrões de processo adequados e uma ferramenta de software para utilizar automaticamente as características anteriores. No primeiro elemento, são abordados três contextos primários, com base nas características das PME, e foram definidos 11 padrões, tendo cada padrão alguns componentes como o nome, o contexto, a força, a solução e os resultados, como mostra a Figura 13 e as suas relações. O segundo elemento é o método do padrão de processo de seleção baseado nos problemas actuais das PME através da identificação, seleção e fornecimento de um guia, conforme explicado na Figura 14. O último elemento é uma ferramenta Web para apoiar os elementos anteriores, que tem os seguintes módulos (Mata, et al., 2015):

1. Gestão de ferramentas.

2. Contexto organizacional atual.

3. Situação organizacional atual.

4. Fornecer um guia.

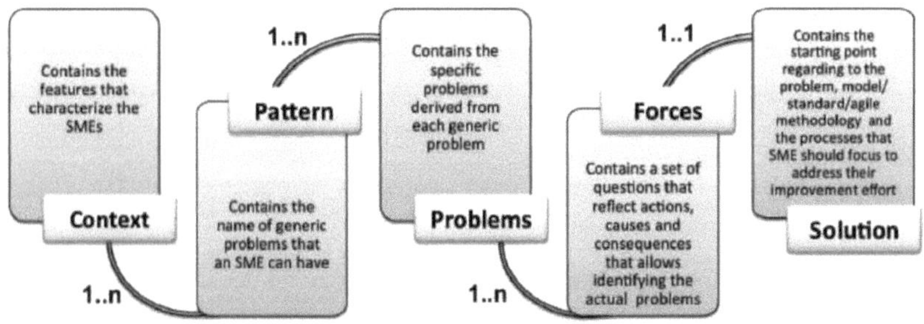

Figura 13: Elementos dos padrões de processo e suas relações (Mata, et al., 2015)

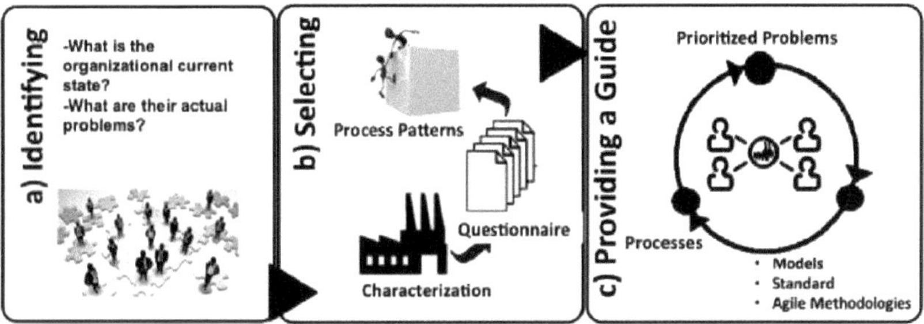

Figura 14: Método para selecionar padrões de processo (Mata, et al., 2015)

A abordagem dos esforços para a estrutura de implementação do SPI é uma solução completa como ponto de partida para a implementação do SPI nas PME. Oferece um grupo de padrões de processo; o método de seleção dos padrões baseia-se no ambiente e nos problemas das PMEs; e as ferramentas da Web são utilizadas para facilitar a estrutura de uma forma tão clara que orienta as PMEs a determinarem os esforços do SPI da forma correcta. Os autores, com base num estudo de caso, afirmam que este quadro é seguro no mundo real (Mata, et al., 2015). No entanto, seria muito melhor se os autores se concentrassem num modelo SPI, como o CMMI, e abrangessem todos os seus KPAs. Em resultado disso, este quadro poderia ser considerado como um quadro de melhoria completo, e não apenas um ponto de partida para abordar os esforços SPI. Finalmente, a ferramenta web está na língua espanhola; será amplamente utilizada e reconhecida se for criada uma versão em inglês.

2.5.7 Lacuna em trabalhos anteriores relacionados

É óbvio que existem muitas tentativas de criar novas estruturas para ajudar as PME a iniciar o SPI. A maioria destas estruturas baseia-se na cooperação entre o CMMI e o Agile em geral. Isto aprova que o agile e o CMMI podem ser implementados em conjunto. Trata-se de um conjunto de práticas compatíveis, tal como referido anteriormente, que, de alguma forma, proporcionam uma solução aceitável para as PME. No entanto, cada uma delas tem limitações e lacunas, pelo que os investigadores ou os profissionais não conseguiram criar uma estrutura completa e adequada de IPS para as PME. Alguns deles não abrangeram os cinco níveis das práticas do CMMI; alguns deles centraram-se no método ágil e outros não avaliaram o modelo proposto e não aprovaram a sua compatibilidade na vida real. A Tabela 1 mostra e resume as vantagens fornecidas pelos trabalhos anteriores relacionados e as suas limitações com lacunas.

Tabela 1: Resumo de trabalhos anteriores relacionados

	Advantages	Limitations and gap
Agile methodology in software development framework (Khan, et al., 2010)	Covers all the software engineering practices in the 5 CMMI levels. Successfully mapped 30% KPAs with XP practices.	Focuses on software engineering practices only. Uses only one agile method- it is XP. No clear guidelines to implement these practices. No real-life evaluation.
CMMI-Scrum model (Lukasiewicz & Miler, 2012)	Covers most of the project management aspects in CMMI level 2 and 3 which is 60% of these 2 levels KPAs. The model was evaluated with good results.	Focuses on project management practices only. Uses one agile method only- Scrums. Does not cover CMMI level 4 and level 5 of KPAs. CMMI level 3 KPAs is related to organizational aspects is not included.
Combining Scrum with CMMI in SMEs model (Zhang & Shao, 2012)	Merges CMMI and Scrums to work smoothly.	Focuses on project management practices only. Uses one agile method only - Scrums. CMMI KPAs not clearly addressed. No real-life evaluation.
SPI for SMEs based on CMMI (Zhang & Shao, 2011)	Fully covers KPAs for CMMI levels 2 and 3. Gives the required awareness for accelerating organizational improvement.	Does not take any agile methods advantages. Does not cover CMMI level 4 and 5 KPAs. Focuses on project management practices only. No real life evaluation
Blending CMMI and six sigma framework (Habib, et al., 2008)	Successfully blends CMMI and six Sigma. Provides tools and templates to help SMEs reach the required CMMI level.	Focuses on project management practices only. Uses one agile method only - Scrums. Does not cover CMMI level 4 and 5 KPAs. No real life evaluation
Addressing effort toward the SPI implementation framework (Mata, et al., 2015)	Provides a complete solution for SMEs to adopt SPI smoothly. Provides a set process pattern and the web tool for facilitating the framework. The framework was evaluated with good results. Takes the advantage of several agile methods. Covers software engineering and management aspects as well in addition to considering the change management.	Would be better if authors focus on CMMI and try to cover all its KPAs. The framework can be enhanced to make it fully improved framework, not just a starting point. The web tool is only in Spanish, better to have English version for international SMEs.

CAPÍTULO 3

METODOLOGIA DE INVESTIGAÇÃO

Neste capítulo, a metodologia de investigação é explicada em pormenor, incluindo o paradigma e a concepção da investigação. Também ilustra a abordagem filosófica utilizada para ajudar a selecionar diferentes métodos para criar uma conceção de investigação, métodos e, em seguida, recolher dados. Esta investigação segue a abordagem da cebola de investigação, uma vez que explica as camadas da conceção da investigação para formular uma metodologia adequada, como mostra a Figura 15 (Saunders & Tosey, 2012).

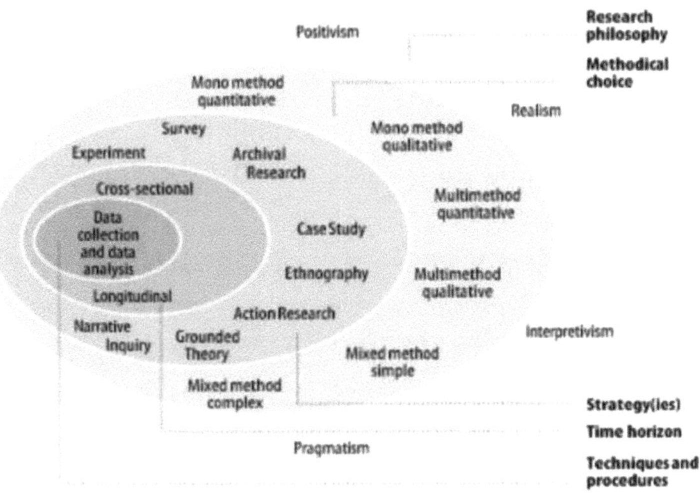

Figura 15:   A cebola da investigação (Saunders & Tosey, 2012)

15.1   Paradigma de investigação

Ao adotar a abordagem filosófica e a metodologia de investigação correctas, os objectivos e as questões de investigação podem ser abordados. A metodologia de investigação começa com a perspetiva ontológica, que é o estudo do ser e representa a compreensão do que é. Também tenta compreender o que significa conhecer (Gray, 2013). Também tenta compreender o que significa saber (Gray, 2013). Além disso, o paradigma de investigação conduz a investigação na direção certa e os métodos adequados ajudam a encontrar respostas para as perguntas (Myers, 2009). O interpretativismo concentra-se na realidade em termos de significado subjetivo. Envolve as pessoas e o contexto que influencia os sujeitos. O paradigma do interpretativismo afirma que os sistemas sociais, como as organizações sociais, não podem existir sem as pessoas. Por conseguinte, as coisas não podem ser determinadas, categorizadas ou medidas de forma objetiva e universal (Myers, 2009).

Esta investigação tem como objetivo encontrar uma solução para o problema industrial e utiliza o paradigma interpretativista porque utiliza o contexto, que afecta as coisas, as culturas, os processos e as organizações sociais. Ajudará a compreender os contextos sociais e culturais que afectam o processo SPI. As organizações de software e as pessoas envolvidas no processo de desenvolvimento de software são os principais públicos desta investigação. Normalmente, o interpretativismo acompanha a abordagem indutiva, mas também pode ser combinado com a abordagem dedutiva (Porta & Keating, 2008). Esta investigação segue o paradigma do interpretativismo juntamente com o raciocínio indutivo.

3.2 Conceção da investigação

Uma vez que o domínio da IPS tem um conhecimento previamente definido, as revisões da literatura são incorporadas na abordagem de raciocínio indutivo na fase de pré-estudo. Esta investigação utilizará uma abordagem de método misto: qualitativa e quantitativa. Estas duas abordagens são consideradas muito úteis para encontrar as explicações relevantes, as causas dos problemas, as lacunas, os pontos de vista das pessoas e a escala dos problemas/questões (Creswell, 2013).

3.2.1 Primeiro objetivo

O primeiro objetivo desta investigação é investigar as características das PME relacionadas com o processo de desenvolvimento de software. Na fase de pré-estudo, o problema e as questões da investigação são definidos e, em seguida, é apresentada uma visão geral do problema e das suas etapas. A primeira etapa consiste em identificar e compreender o problema, que muitos tipos de investigação estão a tentar compreender e resolver. O segundo passo consiste em estudar os processos de desenvolvimento e as melhorias no âmbito da SPI.

Esta fase do processo de investigação baseia-se no estudo empírico, que tem como objetivo explorar e compreender as características das PMEs e os quadros do IPS. Quando um problema não está completamente definido e não se dispõe de conhecimentos adequados para fazer uma distinção concetual, a investigação exploratória pode ser útil para se familiarizar com um fenómeno, o que também ajudará a desenvolver uma hipótese. Este método de investigação é útil para formular a hipótese relevante para investigações específicas; e baseia-se em dados secundários (Shields & Rangarajan, 2013). Os dados secundários incluem livros em papel, livros electrónicos, artigos de revistas e relatórios. Os estudos sobre as PMEs centram-se nas características das PMEs que afectam a adoção de SPI, os processos, métodos e metodologias de desenvolvimento de software, SPI e ferramentas e modelos de SPI.

3.2.2 Segundo objetivo

O segundo objetivo deste estudo é investigar as práticas CMMI e os métodos ágeis adequados às PME para melhorar o processo de desenvolvimento de software. Por conseguinte, esta fase do processo de investigação consiste numa investigação exploratória e explicativa. Esta fase tem como objetivo explorar e compreender a utilização de métodos ágeis e a sua ajuda para o SPI. Além disso, irá explorar a possibilidade de contextos industriais e a disponibilidade das PME para mudar e melhorar o processo de software. Nesta fase, serão utilizados dois métodos de investigação.

A primeira é a revisão da literatura, que se centra na investigação realizada no passado para explorar e analisar as estruturas SPI. A literatura mostra que foram estudadas mais de 5 estruturas SPI que se centraram nas vantagens e limitações (desvantagens) das estruturas. O segundo método é o inquérito por questionário, que visa compreender o grau de preparação de uma PME para adotar o método CMMI. Foi enviado um questionário aos inquiridos por correio eletrónico e outras fontes de comunicação social.

O questionário do inquérito estava dividido em 3 conjuntos de perguntas; o primeiro conjunto era sobre informações pessoais, que visava compreender a experiência dos inquiridos. Este conjunto tinha 7 perguntas. O segundo conjunto tinha 9 perguntas, que visavam determinar a agilidade da empresa e dos inquiridos, e descobrir os métodos e práticas ágeis mais utilizados na empresa. O terceiro conjunto de perguntas destinava-se a conhecer a opinião dos inquiridos sobre a forma como algumas práticas de software têm sido utilizadas na empresa e se essas práticas de software também têm em consideração os KPAs do CMMI nível 2. O terceiro conjunto de perguntas incluía 14 questões, com uma matriz de KPAs CMMI de nível 2 e 5 escalas de opinião entre muito mau e muito bom; esta escala é também conhecida como escala ordinal. Esta escala também é conhecida como escala ordinal. Ajuda a mostrar o que os inquiridos pensam sobre o assunto e permite-lhes classificar o seu pensamento ou perceção sobre o assunto. O método de análise estatística que utiliza dados em barras, gráficos e diagramas de pizza é escolhido para analisar os dados do inquérito.

3.2.3 Terceiro objetivo

O terceiro objetivo deste estudo é propor uma nova estrutura híbrida baseada no Agile e no CMMI como estrutura de IPS, que também abrange os aspectos organizacionais e de gestão da IPS. Nas fases anteriores, foram recolhidos dados sobre as características das PMEs, as frameworks de SPI e a utilização de métodos ágeis para ajudar com o SPI. Esta fase tem como objetivo analisar estes dados para construir um artefacto preliminar para este estudo. O ISPF foi criado como uma estrutura para ajudar as PMEs a melhorar o seu processo de software. O ISPF é composto por quatro componentes. O primeiro componente é a infraestrutura do SPI, que representa o ambiente e os apoios necessários para o sucesso do SPI. Este componente contém as infra-estruturas necessárias para facilitar a cultura do processo e as iniciativas para apoiar a melhoria do processo de software (Zahran, 1998). O segundo componente é o roteiro do SPI. O sucesso da melhoria do processo de software depende muito da eficácia com que o roteiro é definido (Ferreira & Wazlawick, 2011) e, neste componente, são apresentados o modelo CMMI e o modelo de cultura organizacional de Schneider. O roteiro para o estado/nível escolhido do processo de software indica que a empresa tenta melhorar o processo de software atual com o objetivo de atingir um determinado nível de maturidade do CMMI. Além disso, as práticas de métodos ágeis podem abranger muitos KPAs do CMMI.

O terceiro componente é a implementação do SPI. Na revisão da literatura, foram estudadas algumas estruturas SPI e uma delas é o esforço de abordagem para a estrutura de implementação SPI (Mata, et al., 2015). Além disso, alguns métodos e práticas ágeis são estudados com os KPAs do CMMI. No ISPF, o componente de implementação do SPI é composto por dois modelos. O primeiro modelo é o modelo de aprimoramento do processo de software, que é uma grande modificação com o objetivo de direcionar os esforços para a estrutura de implementação do SPI. Neste modelo, os padrões representam os KPAs do CMMI, os contextos representam o nível de maturidade do CMMI e as soluções representam as práticas ágeis. O segundo modelo é o modelo de gestão da mudança de Kandt (Kandt, 2003). O último componente é a avaliação SPI. Para a avaliação da mudança da cultura organizacional, foi escolhido o método de avaliação da cultura organizacional (Cameron & Quinn, 2002). Este método ajuda a avaliar as seis principais dimensões da cultura organizacional, tais como as características dominantes, a liderança organizacional, a gestão dos empregados, a cola da organização, as ênfases estratégicas e os critérios de sucesso. Além disso, como parte da avaliação do SPI, todo o projeto SPI pode ser avaliado pela lista de verificação SPI (Nikitina, et al., 2015). Esta lista de verificação descreve as propriedades das iniciativas sustentáveis de IPS e os problemas com as iniciativas de IPS e as suas causas. Ao avaliar estas propriedades, podem ser identificadas as possíveis melhorias.

3.2.4 Quarto objetivo

O quarto objetivo do estudo é descobrir os QCA para validar e aplicar o quadro proposto. Uma vez que o objetivo da validação é concluir a validade da teoria do ISPF com a sua abstração a um nível elevado. O ISPF, enquanto quadro SPI, abrange os aspectos organizacionais, de gestão e tecnológicos do processo de desenvolvimento de software, o que torna os métodos qualitativos mais úteis para a validação. Assim, foram utilizados dois métodos qualitativos para a validação: o grupo de discussão e o método Delphi. Os métodos de grupo de discussão e Delphi são muito convenientes e úteis quando o objetivo é estudar uma área de interesse e obter uma visão geral de um assunto complexo. O método Delphi é mais adequado numa situação em que existe um lago de dados, e depois reúne opiniões e pensamentos dos peritos (Herranz, et al., 2014). Esta validação tem três fases principais. Na primeira fase, a lista de possíveis QCA é determinada através da revisão da literatura. Na segunda fase, o método do grupo de discussão é utilizado para validar os QCA e eliminar os factores desnecessários. Na terceira fase, os QCAs validados são classificados por ordem de prioridade através do método Delphi, como se mostra na Figura 16.

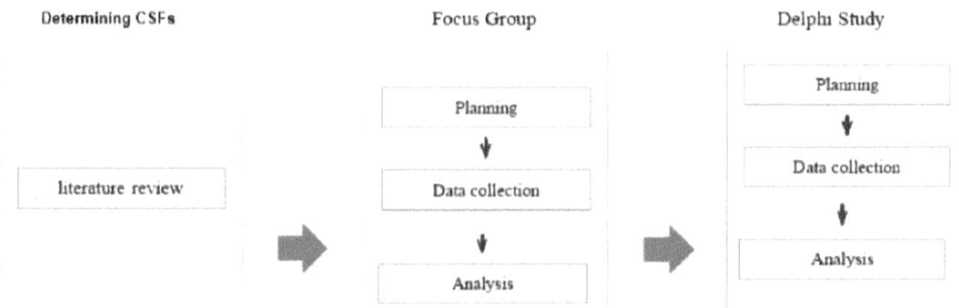

Figura 16: **O plano de validação**

3.3   Abordagem de recolha de dados

Este estudo baseia-se em dados secundários (revisão da literatura) e em dados primários recolhidos através de métodos empíricos, como o inquérito por questionário e a discussão em grupo. Utiliza métodos quantitativos e qualitativos na recolha dos dados primários. O objetivo destes dois métodos é compreender as realidades e os aspectos práticos associados às medidas de promoção da sustentabilidade e às PME. Na maioria dos casos, as características, as vantagens e as limitações do quadro de ação da iniciativa SPI não podem ser medidas através de números. Estas podem ser expressas em palavras; por conseguinte, a validação desta investigação depende em grande medida de dados qualitativos. Além disso, para abordar o segundo objetivo, foi selecionado o método de inquérito por questionário. Este objetivo está relacionado com as práticas CMMI e as práticas ágeis nas PME. A população desta investigação inclui gestores, analistas de negócios, engenheiros de garantia de qualidade e programadores da empresa afetada pelo SPI. O questionário do inquérito foi desenvolvido em linha no Google Docs. É um serviço gratuito e também conveniente para criar, partilhar e analisar os dados. O link para o questionário foi enviado a 64 potenciais inquiridos numa empresa através de correio eletrónico e utilizando fontes de redes sociais como o Facebook e o Whatsapp. Os inquiridos foram convidados a preencher o questionário em linha. Não houve critérios específicos para selecionar os inquiridos; foram seleccionados aleatoriamente. Foi utilizada uma amostragem aleatória simples para que todos os indivíduos tivessem a possibilidade de ser escolhidos de forma igual e, em seguida, a generalização pudesse ser feita da amostra para uma população maior (Creswell, 2013). Os dados foram recolhidos durante um período de três meses.

De um total de 64 pedidos enviados aos inquiridos, apenas foram recebidas 40 respostas anónimas; por conseguinte, a taxa de resposta foi de 62,5%. Os inquiridos desta investigação foram 4 gestores de projeto, 10 gestores de equipa, 1 gestor associado, 2 analistas de negócios, 3 programadores seniores, 17 programadores, 2 engenheiros de garantia de qualidade e 1 que não especificou a sua função. Os dados recolhidos foram analisados utilizando o método de análise estatística que representa os dados do inquérito em barras, gráficos e diagramas de pizza (ver Apêndice A).

3.4   Resumo

Neste capítulo, a investigação é explicada em pormenor, incluindo o paradigma e a conceção da investigação. Explica-se a abordagem filosófica da investigação e a forma como esta abordagem ajuda a atingir os objectivos do estudo. Esta investigação segue a abordagem da cebola de investigação, uma vez que explica as camadas da conceção da investigação para formular uma metodologia adequada. O paradigma interpretativista, que acompanha o raciocínio indutivo, é escolhido porque ajuda a compreender os contextos sociais e culturais que afectam o processo de IPS, como as organizações de software e as pessoas envolvidas no processo de desenvolvimento de software. Além disso, esta conceção de investigação utiliza diferentes tipos de métodos quantitativos e qualitativos para atingir diferentes objectivos. O método de revisão da literatura ajuda a atingir o primeiro objetivo, que consiste em estudar a IPE e os aspectos relacionados com a mesma, bem como as PME e as suas características. O segundo objetivo, que consiste em investigar as práticas CMMI e as práticas ágeis adequadas às PME para melhorar o processo de desenvolvimento de software, foi alcançado através da revisão da literatura e de um inquérito. O conhecimento reunido a partir do primeiro e segundo objectivos ajudou a alcançar o terceiro objetivo, que é propor uma nova estrutura híbrida baseada em Agile e CMMI como estrutura SPI. Por fim, o quarto objetivo, que consiste em descobrir os QCA para validar e implementar a estrutura proposta, foi alcançado utilizando métodos qualitativos, o grupo de discussão e o método Delphi.

CAPÍTULO 4

ANÁLISE E RESULTADOS

4.1   Análise dos dados

Esta análise baseia-se nas respostas de 40 membros do pessoal de uma PME na Malásia e os dados recolhidos foram analisados utilizando o método de análise estatística. Segue-se a análise dos dados recolhidos através do inquérito.

A Figura 17 mostra que apenas 3 inquiridos (7,5%) não tinham experiência e conhecimentos sobre práticas e métodos ágeis. Em geral, os dados mostram que a maioria dos inquiridos conhecia os métodos e práticas ágeis. Do total de 40 inquiridos, apenas 3 inquiridos (7,5%) eram peritos em práticas e métodos ágeis; 14 (35%) inquiridos eram principiantes e 20 (50%) inquiridos tinham conhecimentos de nível médio.

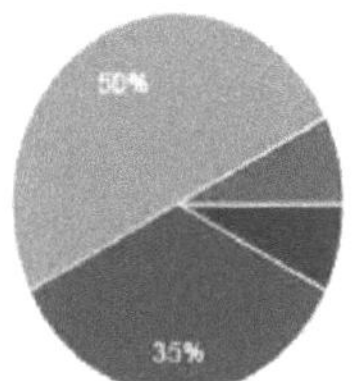

Figura 17:   Experiência dos inquiridos em agile

A Figura 18 indica que a maioria dos inquiridos concorda que a sua empresa deve adotar métodos e práticas ágeis. Nenhum inquirido afirmou discordar totalmente que a empresa deveria adotar métodos e práticas ágeis; 1 inquirido discordou simplesmente; 6 inquiridos (15%) seleccionaram a opção natural; 21 inquiridos (52%) concordaram simplesmente; e 12 inquiridos (30%) concordaram totalmente.

A Figura 19 revela os tipos de métodos ágeis utilizados pelos inquiridos. O RAD e o SCRUM são os dois métodos ágeis mais utilizados. 11 inquiridos utilizaram o SCRUM e 17 inquiridos o RAD. Por outro lado, apenas 1 inquirido utilizou o Processo Unificado e 1 o método Lean; 2 inquiridos utilizaram a modelação ágil e 3 inquiridos aplicaram o XP. Os métodos seguintes não foram utilizados por nenhum dos inquiridos na empresa e também não tinham experiência com eles: Kanban, Feature-Driven Development, Crystal Clear e Team Software Process.

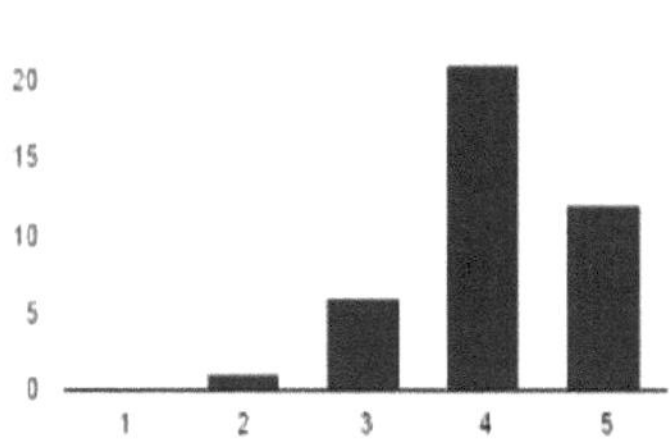

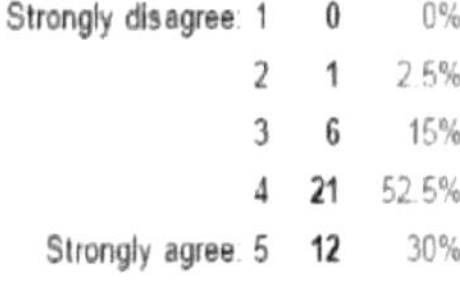

Figura 18:   Adoptam métodos ágeis nas suas empresas

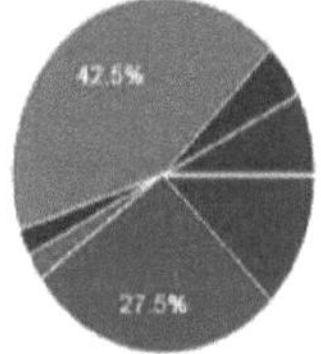

None	5	12.5%
SCRUM	11	27.5%
Kanban	0	0%
Unified Process	1	2.5%
Lean	1	2.5%
RAD	17	42.5%
Feature Driven Development	0	0%
Crystal Clear	0	0%
Team Software Process	0	0%
Agile Modelling	2	5%
XP (Extreme Programming)	3	7.5%
Other	0	0%

Figura 19:   Métodos ágeis mais utilizados

A Figura 20 refere-se à abordagem dos inquiridos no estabelecimento de estimativas do produto do trabalho e das tarefas atribuídas a práticas específicas. Dos 40 inquiridos, 16 inquiridos (40%) consideraram que a prática de estabelecer estimativas do produto do trabalho e das tarefas atribuídas à empresa era boa, enquanto 7 inquiridos (17,5%) consideraram que a prática na empresa era má. No entanto, 37,5% dos inquiridos consideraram que a prática de estabelecer estimativas do produto do trabalho e da atribuição de tarefas na empresa era um processo natural. 1 inquirido indicou que a prática na empresa era muito má e 1 inquirido considerou que a prática na empresa era muito boa.

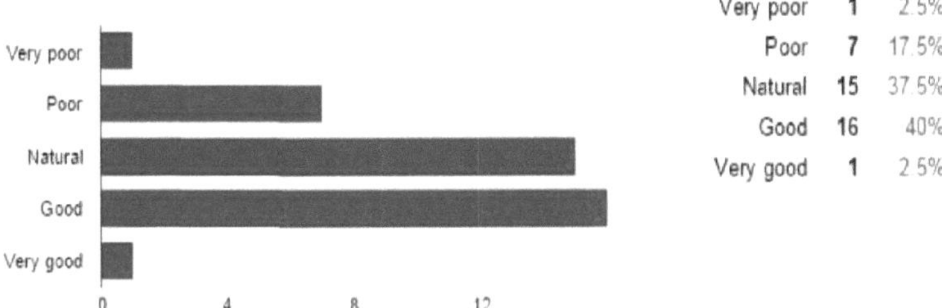

Figura 20:   Estabelecer estimativas dos atributos do produto do trabalho e da tarefa

Os inquiridos foram questionados sobre o estado do plano da empresa para os recursos do projeto. A Figura 21 mostra que 18 inquiridos (45%) consideram que o plano para a prática dos recursos do projeto na empresa é bom, em comparação com apenas 2 inquiridos (5%) que consideram que a prática na empresa é má. 16 inquiridos (40%) consideram que o plano para a prática dos recursos do projeto na empresa tem um processo natural. Enquanto 3 inquiridos consideram que a prática é muito boa e apenas 1 inquirido a considera muito má.

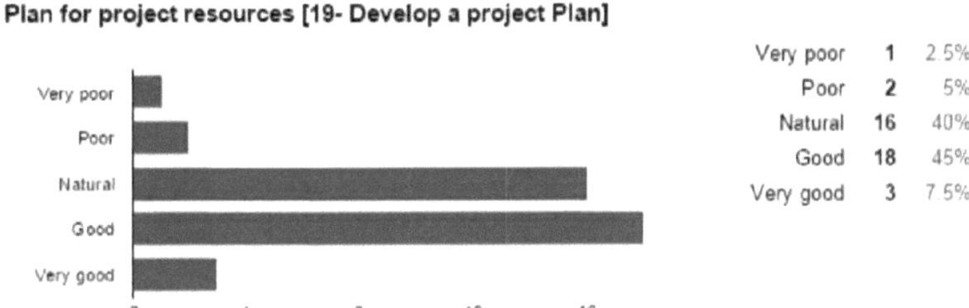

Figura 21:   Plano para os recursos do projeto

Na Figura 22, são apresentadas as reacções dos inquiridos sobre a gestão das acções correctivas. Do total de 40 inquiridos, 14 inquiridos (35%) consideravam que a prática de gestão das acções correctivas na empresa era boa, contra apenas 8 (20%) inquiridos que consideravam que a prática na empresa era má. No entanto, 15 (37,5%) inquiridos mostraram-se naturais quanto à prática da gestão das acções correctivas na empresa. Adoptaram uma posição intermédia. 1 inquirido afirmou que a prática era muito má e 2 inquiridos consideravam que a prática era muito boa na empresa.

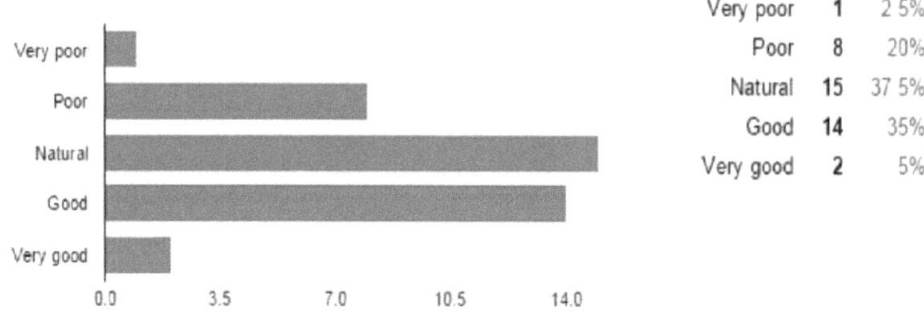

Figura 22: Gerir a ação correctiva

A Figura 23 mostra que, de um total de 40 inquiridos, 17 (42%) eram naturais e não deram a sua opinião sobre os requisitos de revisão da empresa. No entanto, a maioria (17 inquiridos, 38%) considerou que a empresa tinha requisitos de revisão deficientes, incluindo 2 inquiridos que salientaram requisitos de revisão muito deficientes. 4 inquiridos (10%) consideravam que a prática era boa e 2 inquiridos afirmaram que a prática era muito boa na empresa.

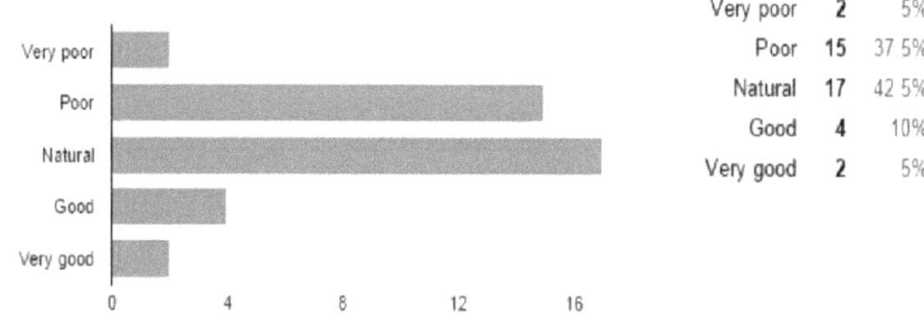

Figura 23: Requisitos de revisão pela equipa de GQ

A Figura 24 indica que 32,5% dos inquiridos consideram que as práticas de medidas específicas na empresa são fracas, em comparação com apenas 17,5% que consideram que a prática na empresa é boa. 42,5% dos inquiridos consideraram que a prática de medidas específicas na empresa era natural. 2 inquiridos consideravam que a prática era muito boa e 2 consideravam que a prática era muito má na empresa.

Figura 24:   Especificar medidas

A Figura 25 mostra a opinião dos inquiridos sobre as medidas específicas adoptadas pela empresa. 15 (37,5%) inquiridos disseram que as medidas específicas eram más e apenas 1 inquirido disse que eram muito más. 11 (27,5 por cento) inquiridos disseram que estas medidas eram naturais. Por outro lado, houve inquiridos que reconheceram as medidas tomadas pela empresa; do total, 10 (25%) disseram que essas medidas eram boas e 3 (7,5%) consideraram-nas muito boas.

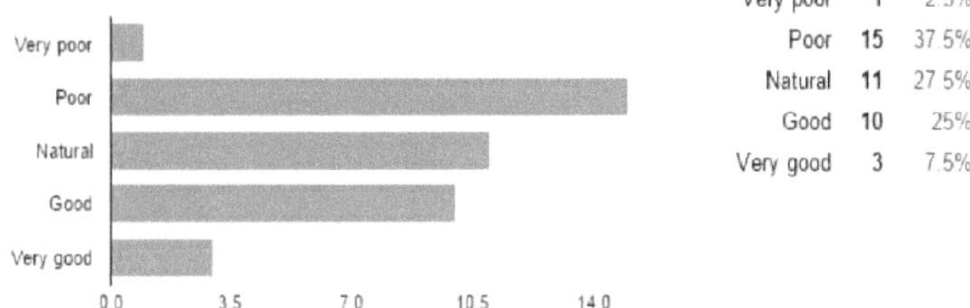

Figura 25:   Especificar os procedimentos de recolha e armazenamento de dados

A Figura 26 diz respeito à prática específica da empresa em matéria de identificação de itens de configuração. Do total, 18 (45%) inquiridos consideram que a prática de configuração da identidade na empresa é má e 7 (17,5%) inquiridos consideram que a prática na empresa é boa. 14 (35 por cento) inquiridos afirmaram que era natural. Apenas 1 inquirido afirmou que a prática de configuração de identidade da empresa era muito má.

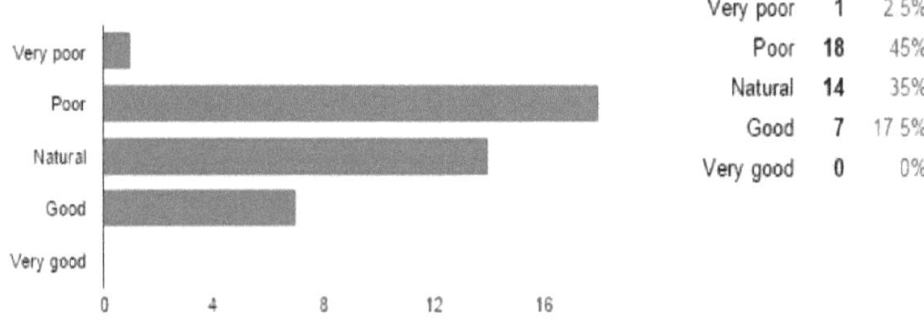

Figura 26: Identificar itens de configuração

4.2   Resultados

O inquérito apresenta resultados e análises interessantes sobre a disponibilidade da empresa para adotar o modelo CMMI (métodos e práticas). O resultado mais importante foi que a maioria dos empregados concordou que a empresa precisava de ser mais ágil.

A conclusão mais importante foi que a maioria dos trabalhadores concordou que a empresa precisava de ser mais ágil. Embora tenham sido mencionadas algumas metodologias ágeis importantes, como o Kanban, o desenvolvimento orientado para as características, o processo de software claro e de equipa, estas nunca foram utilizadas na análise de dados. Apenas 7,5% dos funcionários eram especialistas em métodos, ferramentas e práticas ágeis. Além disso, a maior parte das ferramentas, técnicas e práticas ágeis eram pouco utilizadas. Mais importante ainda, as notações de modelação, como o diagrama de casos de utilização e o diagrama de classes, não eram utilizadas pela empresa. Isto mostra que a empresa não estava a utilizar ou a aplicar práticas de engenharia de software e métodos de agilidade. Muitos estudos (Khan, et al., 2010), (Lukasiewicz & Miler, 2012), (Zhang & Shao, 2011) e (Zhang & Shao, 2012) consideram que o XP ou o Scrum são mapeados com as práticas CMMI, uma vez que o XP se concentra em como tornar as práticas de desenvolvimento de software mais eficazes e o Scrum se concentra nos aspectos de gestão e em como melhorar as práticas de gestão de projectos de software.

Mais de 70% dos inquiridos trabalhavam na empresa há menos de 2 anos e 85% dos inquiridos tinham menos de 40 anos de idade. Estas conclusões levantam questões sobre os conhecimentos especializados da empresa (dos seus funcionários) e a sua experiência em engenharia de software. Também foi relatado que havia uma alta rotatividade; isso poderia ser devido à cultura organizacional ou ao estilo de gestão e, como discutido anteriormente, as mudanças nos processos de software exigirão algumas mudanças organizacionais (Nikitina, et al., 2015).

A qualidade da gestão da empresa e o seu sucesso na aplicação da Gestão da Qualidade Total são os factores que permitem avaliar o grau de preparação para a adoção dos níveis CMMI. Um outro fator é a resistência à mudança. Trata-se de um problema sério que afecta a maioria das empresas. É problemático quando há um novo modelo a adotar e não existe uma comunicação transparente e aberta entre a gestão e os membros do pessoal. Outro fator essencial é a utilização da modelação de processos de software e de outras ferramentas CASE. As ferramentas CASE desempenham um papel importante no controlo das versões, na gestão da configuração e na documentação da empresa. Para a verificação e validação da modelação do processo de software, são necessárias descrições mais exactas e reconhecidas do software e da forma como foi criado. No inquérito, foi revelado que algumas práticas, como o estabelecimento de estimativas do produto do trabalho, o atributo da tarefa e o plano para os recursos do projeto, eram utilizadas eficazmente, mas, surpreendentemente, algumas práticas fundamentais não eram utilizadas de forma adequada. Estes resultados são expectáveis, uma vez que a maioria das PME não tem um processo definido, o processo de desenvolvimento é um ofício e a implementação de qualquer novo processo levaria muito tempo (Claudia, et al., 2013)

Revela também que a análise dos requisitos pela equipa de garantia da qualidade e o estabelecimento de um plano de garantia da qualidade do software foram efectuados de forma inadequada. Além disso, algumas práticas relativas às linhas de base, como a identificação de elementos de configuração, o estabelecimento de um sistema de gestão da configuração e a criação ou lançamento de linhas de base, não foram utilizadas corretamente. Além disso, os inquiridos deram um feedback negativo sobre o controlo dos elementos de configuração, o acompanhamento dos pedidos de alteração e o controlo dos elementos de configuração, que são práticas importantes de acompanhamento e controlo das alterações. A maioria dos inquiridos considerava que as práticas de integridade, como a criação de registos de gestão da configuração e a realização de auditorias à configuração, não eram bem geridas na empresa. Os resultados indicam que a empresa não estava preparada para adotar o CMMI.

As conclusões mostram que, se o tentasse fazer, muito provavelmente falharia porque a maioria das PME não adopta o CMMI (Khurshid, et al., 2009). Assim, a adoção oficial do CMMI não seria recomendada às PMEs e seria sugerido encontrar um quadro alternativo para a iniciativa de melhoria contínua; e este quadro deve abranger os aspectos tecnológicos, organizacionais e de gestão da melhoria contínua. Para além disso, a empresa deve tirar partido dos métodos ágeis e ter em conta as características das PME (AL-Ashmori, et al., 2016).

4.3   Resumo

Neste capítulo, os dados do inquérito foram analisados utilizando o método de análise estatística. A análise mostra que a maioria dos inquiridos concorda que a empresa deve ser mais ágil, apesar de a maior parte deles não ter muita experiência em métodos e princípios ágeis. Além disso, a análise mostra que algumas práticas do CMMI estão a ser bem utilizadas, como o estabelecimento de estimativas de atributos de produtos e tarefas de trabalho, e outras práticas do CMMI, como a identificação de itens de configuração. No entanto, a empresa não está preparada para adotar o CMMI. Assim, a adoção oficial do CMMI não seria recomendada às PME e seria sugerido encontrar um quadro alternativo.

CAPÍTULO 5

QUADRO PROPOSTO

Dos quatro objectivos, o principal objetivo desta investigação é o terceiro, que consiste em criar/desenvolver uma estrutura híbrida baseada no Agile e no CMMI para que as PME possam melhorar os processos de software. Neste capítulo, esta estrutura e os seus componentes são analisados em pormenor. A complexidade do SPI é muito elevada porque é afetada por uma variedade de aspectos relacionados com a tecnologia, a ferramenta, o procedimento, a organização, a sociedade e a gestão. Durante a investigação, foram recolhidas informações e dados importantes sobre o SPI através de diferentes métodos de investigação e, para exemplificar estas informações e dados, é delineada/criada uma nova estrutura do ISPF.

5.1   ISPF

Esta secção apresenta uma panorâmica geral da dificuldade e da diversidade do SPI. O ISPF foi criado com base no quadro de Zahran (Zahran, 1998) e apoiado pelo modelo de cultura organizacional (Schneider, 2000). Este quadro abrange as mudanças nos processos de software e as mudanças organizacionais e de gestão. Também aproveita as vantagens das práticas ágeis e mapeia-as para as práticas CMMI adequadas, como foi sugerido para as estruturas SPI (AL-Ashmori, et al., 2016). O ISPF ilustra o ambiente SPI para iniciar e conduzir o esforço SPI. Há quatro componentes do ISPF, que são mostrados na Figura 27.

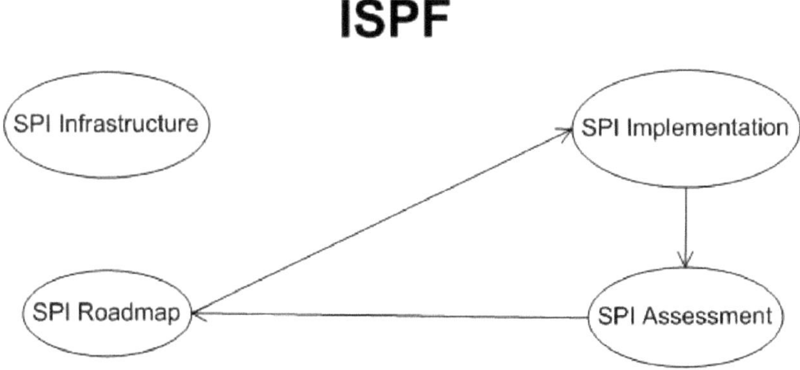

Figura 27: Quatro componentes do ISPF

5.1.1 Infraestrutura SPI

O SPI requer o apoio contínuo de infra-estruturas essenciais, que incluem recursos humanos, físicos e técnicos para conduzir, gerir, coordenar e monitorizar o esforço do SPI. Existem algumas funções que devem ser desempenhadas na IPS; mais do que uma pessoa pode partilhar estas funções ou podem ser atribuídas diferentes funções a uma pessoa. Seguem-se as definições destes papéis (Nikitina, et al., 2015):

1. Patrocinador do SPI: a responsabilidade de liderar, governar e patrocinar o projeto, que pode ser assumida por um executivo ou por um grupo de executivos.
2. Gestor do SPI: a responsabilidade de gerir o projeto, que pode ser assumida por qualquer gestor de topo.
3. Líder externo do SPI: responsável por todo o processo, começando por iniciar o projeto, solicitando recursos, encorajando os esforços e estabelecendo a ligação entre os grupos, e esta pessoa é considerada externa, uma vez que não é o executor do processo de melhoria.
4. Líder interno do SPI: a responsabilidade de apoiar e seguir a estratégia do SPI ao nível do processo, que pode ser preenchida por um ou um grupo de pessoal técnico.
5. Equipa SPI: a responsabilidade de coordenar o projeto e introduzir as alterações no processo.
6. Proprietário do processo: a responsabilidade de gerir a mudança duradoura do processo de software.
7. Stakeholder: inclui todos os papéis afectados ou envolvidos pelo SPI.
8. Parte interessada principal: qualquer pessoa interessada e influenciada pelo projeto e pelo seu êxito.
9. Pessoal técnico: programadores, testadores, gestores, apoiantes e quaisquer funções envolvidas na melhoria do processo. Estas pessoas são os executores da melhoria duradoura do processo e os mais afectados pela mudança.

Para além dos recursos humanos, são também necessários recursos físicos e técnicos. Estes recursos são quaisquer ferramentas ou instalações que ajudem a fazer o seguinte (Nikitina, et al., 2015):

- Documentação de informação SPI.
- Distribuição de informações sobre o SPI às partes interessadas.
- Gestão de funções SPI.
- Implementação do mecanismo de mudança de processo.
- Controlo e acompanhamento do orçamento do SPI.
- Estabelecimento de formação.

- Medição do resultado do esforço SPI.

- Monitorização de processos de software.

- Documentação das lições aprendidas do SPI.

5.1.2 Roteiro SPI

Quando uma organização inicia o SPI, deve ter uma visão e objectivos claros. O roteiro do SPI aborda o estágio de estado escolhido/específico para o processo de software e a cultura organizacional. Estes dois são os elementos chave do estado futuro desejado. No ISPF, o roteiro do SPI consiste no modelo CMMI e no modelo de cultura organizacional da Schneider. O roteiro para o estado escolhido do processo de software indica que a empresa tenta melhorar o processo de software atual, com o objetivo de atingir um determinado nível de maturidade do CMMI. Muitos KPAs do CMMI podem ser cobertos por práticas de métodos ágeis. A Tabela 2 mostra que a maioria dos KPAs do CMMI pode ser mapeada para as práticas XP ou scrum.

Tabela 2: Práticas ágeis mapeadas para os KPAs do CMMI

	CMMI KPAs	XP practices	Scrum practices
Repeatable	2.1 Requirements management	user-stories, an On-Site customer	Product Backlog, Release Backlog, Scrum Board
	2.2 Project planning	planning game, small releases	Sprint Planning Meeting
	2.3 Project monitoring and control	big visual chart	Product Backlog, Release Backlog, Scrum Board, Daily Scrums
	2.4 Supplier agreement management		
	2.5 Measurement and analysis		Sprint Planning Meeting, Scrum Board, burndown chart
	2.6 Process and product quality assurance	Pair programming	Sprint Review Meeting
	2.7 Configuration management	Planning game, collective ownership, small releases, continuous integration	
Defined	3.1 Requirements development	On-Site customer, user stories, iterative development	Sprint Planning Meeting, Sprint Review Meeting
	3.2 Technical solution	metaphor, iterative solutions, testing units	
	3.3 Product integration	planning game, iterative cycles, unit testing	Sprints, Sprint Review Meeting
	3.4 Verification	On-Site customer, user stories, iterative development	Sprint Review Meeting
	3.5 Validation	peer reviews, iterative development, unit test, On-Site customer	Sprint Review Meeting

	3.6 Organizational process focus	Team Focus	Scrum process itself
	3.7 Organizational process definition	Coding standards	Scrum process itself
	3.8 Organizational training	collective ownership	
	3.9 Integrated project management	planning game, visual charts, iterative developments	Sprint Review Meeting, Scrum of Scrums, Product Backlog
	3.10 Risk management	On-Site customer, XP-testers	Daily Scrum, Scrum of Scrums, Iterative approach limits risk
Managed	4.1 Organizational process performance		
	4.2 Quantitative project management		Estimation during Sprint Review Meeting, burndown chart
Optimizing	5.1 Organizational innovation and deployment		
	5.2 Causal analysis and resolution	planning game, peer review, the feedback during rapid cycles from the On-Site customer	Daily Scrums, Retrospectives

Quando uma empresa inicia o SPI para acomodar a transição para um novo estado de processo de software, em primeiro lugar, a empresa deve verificar se a sua cultura atual precisa de ser alterada/melhorada para o seu melhoramento. O modelo de cultura organizacional da Schneider está incluído no roteiro do ISPF para compreender e medir a cultura organizacional; qualquer empresa bem sucedida mantém uma cultura central que está alinhada com a estratégia da empresa e os seus exercícios de liderança. O Quadro 3 apresenta as quatro culturas nucleares da Schneider com base na estratégia, liderança, epistemologia e estilo de gestão. Cada cultura apresenta pontos fortes. Se a empresa descobrir que a sua cultura atual não se adequa à transição para o novo estado do processo de software, deve definir a nova cultura como objetivo (Schneider, 2000).

Quadro 3: As quatro culturas de base de Schneider (Schneider, 2000)

	Control	Collaboration	Competence	Cultivation
Strategy	Market share dominance Commodity Predictability	Synergic customer relationship Close partnership with the customer High customization	Superiority Excellence Uniqueness Create market niche Constant innovation	Customer growth Enrichment of customer Fuller realization of Potential
Leadership	Authoritative Directive Conservative Commanding	Team builder Coach Participative Integrator Trust builder	Standard setter Conceptual visionary Task master Challenger to others Convincing persuader	Catalyst Cultivator Commitment builder Steward Appeal to higher level

	Control	Collaboration	Competence	Cultivation
				Vision
Epistemology	Certainty Organizational systematism	Synergy Experimental knowing	Distinction Conceptual systematism	Enrichment Evolutional knowing
Management style	Vertical integration Mass customization Lean manufacturing Statistical process control Formal processes	Diversity Open book management Self-directed teams Open offices Group oriented leadership	Knowledge-capital measures Benchmarking Entrepreneurial management Best practices Continuous improvement	Flexible organization Empowerment Open book management Seeking employee commitment Entrepreneurial Management

5.1.3 Implementação do SPI

É um grande desafio gerir as novas mudanças nos processos de software e na cultura organizacional. Essas mudanças devem ser feitas de forma controlada e organizada. Neste sentido, a empresa deve ter uma abordagem bem definida para gerir a implementação destas mudanças com base no roteiro do SPI. No ISPF, são propostos dois modelos de implementação do SPI que são úteis para gerir e implementar as mudanças: Trata-se do modelo de melhoria do processo de software e do modelo de gestão da mudança de Kandt. O modelo de melhoria do processo de software oferece orientações sobre a forma de melhorar o software atual com base no roteiro SPI para atingir um determinado nível de maturidade CMMI. O modelo de gestão da mudança de Kandt oferece directrizes sobre a forma de gerir as mudanças nos aspectos organizacionais (valores, normas, práticas) para alcançar a mudança de cultura organizacional desejada com base no modelo de cultura organizacional de Schneider.

5.1.3.1 Modelo de melhoria do processo de software

O objetivo deste modelo é orientar a empresa na identificação dos pontos fracos do seu atual processo de software com base nos KPAs do CMMI e na forma de implementar as alterações aos processos de software. O modelo contém três fases: análise, planeamento e implementação. Na fase de análise, existem quatro contextos, que representam os níveis de maturidade do CMMI, e cada contexto contém vários padrões que representam os KPAs pertencentes a esse nível de maturidade do CMMI, como se mostra na Tabela 4. Estes padrões são considerados como unidades reutilizáveis que a empresa pode adotar para atingir o nível de maturidade pretendido. Com base no nível de maturidade CMMI pretendido, o contexto é definido e os seus padrões são seleccionados para abordar o esforço de melhoria.

Tabela 4: Contextos e padrões de análise do modelo de melhoria do processo de software

Context	Pattern
Repeatable	2.1 Requirements management
	2.2 Project planning
	2.3 Project monitoring and control
	2.4 Supplier agreement management
	2.5 Measurement and analysis
	2.6 Process and product quality assurance
	2.7 Configuration management
Defined	3.1 Requirements development
	3.2 Technical solution
	3.3 Product integration
	3.4 Verification
	3.5 Validation
	3.6 Organizational process focus
	3.7 Organizational process definition
	3.8 Organizational training
	3.9 Integrated project management
	3.10 Risk management
Managed	4.1 Organizational process performance
	4.2 Quantitative project management
Optimizing	5.1 Organizational innovation and deployment
	5.2 Causal analysis and resolution

Além disso, cada padrão contém um conjunto de problemas, que representam as práticas da ACP. Para cada problema, há um conjunto de perguntas que reflectem acções, causas e consequências para identificar o problema real (força) com essa prática. Para cada problema, há uma solução, que é basicamente um conjunto de práticas ágeis ou outras práticas recomendadas. Este conjunto de práticas pode ajudar a empresa a abordar o seu esforço de melhoria. A este respeito, é apresentado um exemplo na Tabela 5. A Figura 28 mostra a fase de análise do modelo de melhoria do processo de software.

Figura 28: Fase de análise do modelo de melhoria do processo de software

Tabela 5: Um exemplo de análise de melhoria do processo de software

	Pattern	Problem	Force	Solution
Repeatable	2.1 Requirements management	Understand Requirements	Is there criteria for distinguishing appropriate requirements providers?	Scrum (Product Backlog) XP (user-stories)
			IS objective criteria for the evaluation and acceptance of requirements?	
			How to analyse requirements to ensure that established criteria are met?	
		Obtain Commitment to Requirements	How to negotiate and record commitments?	Scrum (Scrum board) XP (On-site customer)
			How to assess the impact of requirements on existing commitments?	

Com base no conjunto de soluções fornecidas na fase de análise, será identificada a diferença entre o processo atual e o desejado e também serão identificadas todas as partes interessadas. Posteriormente, a estratégia de mudança, os riscos, o orçamento e os recursos serão determinados na fase de planeamento. Será feito um pedido de patrocínio e, se for aprovado, será dada luz verde para a implementação e, se não for aprovado, recomeça-se com o planeamento. A Figura 29 mostra a fase de planeamento da melhoria do processo de software.

Após a aprovação do pedido de patrocínio, inicia-se a fase de implementação, que determina o número de iterações e a prioridade de determinadas alterações. Com base no número de iterações e nas alterações prioritárias, são abordadas as alterações do processo para esta iteração. Além disso, são atribuídas funções responsáveis pelas alterações do processo e a infraestrutura é preparada. Além disso, a formação para as novas alterações de processo é dada às partes interessadas.

A Figura 30 mostra a fase de implementação da melhoria do processo de software. Finalmente, o modelo de melhoria do processo de software representa um modelo bem estruturado e sistemático para adotar os processos.

No entanto, estes processos diferem de uma empresa para outra; por conseguinte, as actividades deste modelo podem ser ajustadas para se adequarem aos processos da empresa e ao contexto de adoção, uma vez que este modelo orienta as alterações dos processos numa abstração de alto nível.

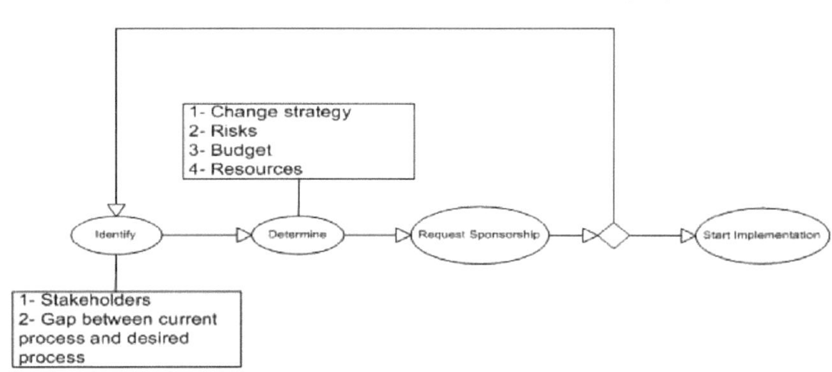

Figura 29: Fase de planeamento do modelo de melhoria do processo de software

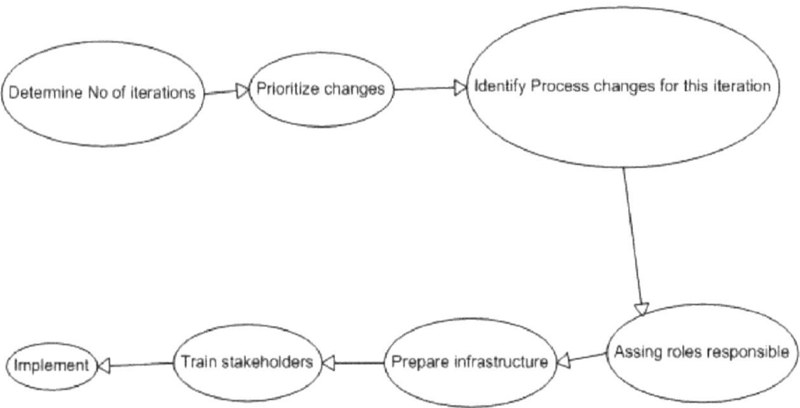

Figura 30: Fase de implementação do modelo de melhoria do processo de software

5.1.3.2 O modelo de gestão da mudança de Kandt

O modelo de cultura organizacional da Schneider faz parte do roteiro ISPF, que exige muitas mudanças organizacionais para alcançar a cultura desejada na organização. Por conseguinte, como parte da implementação do SPI, é utilizado o modelo de Kandt. O modelo sugere que a empresa, que altera o processo de software, deve adotar quatro princípios importantes: Criar uma visão, realizar o compromisso, incluir os profissionais e comunicar a visão de mudança para a empresa. Além disso, o modelo descreve como gerir as mudanças organizacionais e culturais através do SPI num programa que contém os dez passos seguintes (Kandt, 2003):

1. Definir uma visão organizacional.
2. Articular uma necessidade imperiosa de mudança.
3. Definir um esforço e uma visão de mudança.
4. Obter o patrocínio e o empenhamento da direção.
5. Adotar uma abordagem diferente.
6. Identificar e atenuar os riscos.
7. Alinhar o programa de formação com o esforço de mudança.
8. Alinhar o programa de recompensas e reconhecimento com o esforço de mudança.
9. Comunicar o esforço de mudança com frequência e eficácia.
10. Medir a produtividade do pessoal e a qualidade dos produtos.

5.1.4 Avaliação do SPI

O IPS é um processo cíclico e tem fases. Por conseguinte, a avaliação pode ter lugar em qualquer uma das suas fases. No entanto, é preferível que ocorra na última fase de cada ciclo, quando a implementação estiver concluída. As técnicas e os critérios de medição para avaliar o estado do processo de software e o estado da cultura organizacional são abordados e associados ao roteiro SPI, a fim de recolher informações sobre os problemas e os pontos fracos prováveis. Além disso, são propostas sugestões e recomendações para melhorar os resultados dos esforços do SPI. Quando a avaliação começa, o âmbito e o tipo devem ser determinados para atingir o seu objetivo; o âmbito da avaliação pode ser a nível organizacional, pode ser uma equipa específica ou determinados indivíduos. Além disso, o tipo de avaliação pode ser uma autoavaliação, que normalmente é feita pelo patrocinador ou gestor do SPI; a avaliação independente é normalmente feita por qualquer membro da equipa cujo papel é oferecer uma visão independente sobre o esforço do SPI; ou a avaliação externa é normalmente feita por uma parte externa, por exemplo, uma empresa de consultoria (Nikitina, et al., 2015).

No ISPF, o método de avaliação do processo de software é um grupo de métricas quantitativas como as métricas do produto de software, as métricas do processo de software, as métricas do projeto de software e as métricas de satisfação do cliente. Estas métricas são complementares à lista de verificação das práticas CMMI, com base no nível de maturidade escolhido.

Além disso, a avaliação da cultura organizacional baseia-se no OCAI. O método OCAI ajuda a avaliar as seis principais dimensões da cultura organizacional: características dominantes, liderança organizacional, gestão dos empregados, cola da organização, ênfases estratégicas e critérios de sucesso (Cameron & Quinn, 2002). Para cada dimensão, haverá uma pergunta e quatro alternativas de resposta para comparar o estado antes da iniciativa SPI e depois, e 100 pontos são divididos entre estas quatro alternativas. Os pontos mais altos das opções alternativas representam o mais provável para a cultura da organização. A Tabela 6 mostra um exemplo de pergunta da avaliação da cultura organizacional utilizando o OCAI.

Quadro 6: Exemplo de avaliação da cultura organizacional utilizando o ICAO

	1-Dominant Characteristics	Before SPI initiative	After SPI initiative
A	The organization is a very personal place. It is like an extended family. People seem to share a lot of themselves	50	35
B	The organization is a very dynamic entrepreneurial place. People are willing to stick their necks out and take risks.	22	52
C	The organization is very results oriented. A major concern is with getting the job done. People are very competitive and achievement oriented.	10	5
D	The organization is a very controlled and structured place. Formal procedures generally govern what people do.	18	8
	Total	100	100

Além disso, como parte da avaliação das IPS, a lista de verificação das IPS pode avaliar todo o projeto de IPS (Nikitina, et al., 2015). Esta lista de verificação descreve as propriedades das iniciativas SPI sustentáveis e os problemas com as iniciativas SPI, e também as suas causas e as possíveis soluções para melhorias podem ser identificadas através da avaliação destas propriedades. Esta lista de verificação do SPI avaliou vários projectos na Rolls Royce e os resultados mostraram que o sucesso do SPI não foi uma coincidência, mas sim uma consequência previsível das características mensuráveis da lista de verificação do SPI (Nikitina, et al., 2015). A Figura 31 mostra a lista de verificação do SPI. Independentemente de como e quando usar a lista de verificação SPI, é importante que as pessoas que a usam sejam verdadeiras e objectivas sobre o estado das iniciativas SPI e estejam conscientes do facto de que estas propriedades da lista de verificação apenas demonstram a conformidade das actividades recomendadas e não avaliam a sua eficiência.

Por último, a exatidão dos resultados da avaliação do IPS não depende do âmbito, tipo e métodos, mas sim da honestidade e objetividade dos avaliadores. Recomenda-se que os diferentes papéis das partes interessadas, a diferentes níveis e de um grupo como os gestores e os técnicos, façam parte da avaliação do SPI, porque as diferentes partes interessadas terão sempre opiniões diferentes sobre o facto de o SPI ter conseguido realizar determinadas propriedades/tarefas.

1. SPI goals and scope
1.1: SPI project has a business case that shows its ROI
1.2: SPI vision and main goals are well-defined and disseminated to key stakeholders
1.3: SPI vision and main goals are stable and realistic
1.4: Key stakeholders reach consensus on SPI vision and main goals
1.5: Scope of SPI project is clearly bounded
1.6: Scope of SPI project is continuously evaluated and modified when needed

2. Sponsorship and resources
2.1: Sponsorship and resources for SPI are continuously provided
2.1.1: Budget & resource for initiating, planning and preparing SPI activities are assigned and provided
2.1.2: Budget & resource for deploying SPI activities are assigned and provided
2.1.3: Budget & resource for sustaining gains achieved by SPI are assigned and provided
2.2: Amount of provided resources is aligned with scope, complexity and novelty of SPI project

3. SPI roles and responsibilities
3.1: Accountability for processes undergoing change is assigned
3.2: Accountability for SPI project is assigned
3.3: Responsibilities for leading local improvements are defined and assigned
3.4: Responsibilities for deploying SPI activities are defined and assigned
3.5: Responsibilities for maintenance and support of SPI activities are defined and assigned
3.6: SPI responsibilities are assigned, understood and agreed upon by the stakeholders

4. Stakeholder management
4.1: Stakeholders and key stakeholders are clearly identified
4.2: Stakeholders' support and readiness to SPI are correctly understood and considered in SPI method and change strategy
4.3: Stakeholders are continuously trained, coached and mentored in newly deployed processes, according to their training needs
4.4: Stakeholders are encouraged to support and commit to SPI project
4.5: Communication approach is established and it is agreed upon who receives communications, when, how and to what level of detail
4.6: Stakeholders, who get affected by an SPI activity, are informed about its purpose and impact
4.7: Stakeholders, who get affected by an SPI activity, are prepared for its deployment
4.8: Stakeholders are informed about complexity, challenges and benefits of SPI project
4.9: Stakeholders have realistic expectations from SPI project

5. Competence and knowledge
5.1: Stakeholders possess necessary technical skills and domain knowledge to run the deployed process
5.2: Stakeholders possess knowledge about processes undergoing change and process to be deployed
5.3: SPI manager has knowledge, leadership competence and personal profile to lead SPI
5.4: SPI manager is engaged in and passionate about the SPI project
5.5: Competence of SPI manager is consistent with size, complexity, criticality and novelty of SPI project

6. Preparation for SPI
6.1: Organizational culture and competence are analyzed and considered in SPI method and change strategy
6.2: Processes undergoing change and SPI goals are correctly understood and considered in SPI method and change strategy
6.3: Similar process improvements were previously implemented on another SPI project(s)

7. Deployment management
7.1: SPI method and change strategy are defined
7.2: SPI method and change strategy are tailored to fit organization, its process and stakeholders
7.3: Defined SPI method and change strategy are properly followed
7.4: SPI action plan is created
7.5: SPI schedule is created based on sensible estimates and planning
7.6: Impact of each SPI activity is carefully analyzed before it is being deployed
7.7: SPI activities are deployed according to SPI action plan and schedule
7.8: Impediments blocking SPI activities are continuously identified and removed
7.9: SPI action plan and schedule are continuously reviewed and modified, if needed
7.10: Necessary tools to support SPI project are adequate and available

8. SPI project governance and support
8.1: Governance of SPI project is consistent with its value, size, criticality and risks
8.2: SPI risks are identified, analyzed and planned for
8.3: SPI risks are continuously monitored
8.4: Deployed SPI activities are institutionalized and supported by organizational policies
8.5: Essential mechanisms to control adherence to the deployed process are established and continuously improved

9. SPI project monitoring and measurement
9.1: SPI objectives are measurable by carefully designed SPI measures (metrics and quality indicators)
9.2: General SPI project milestones and reporting mechanisms are defined and established
9.3: SPI metrics are consistently collected
9.4: Progress of SPI project is continuously monitored, analyzed, and communicated
9.5: Results of SPI project are continuously reviewed, analyzed and reflected on in SPI action plan
9.6: SPI measures (metrics and quality indicators) are regularly reviewed and modified, if needed

10. Management commitment
10.1: High level management (including project sponsor(s)) is engaged and committed to SPI project
10.2: Middle level management is engaged and committed to SPI project, if any
10.3: Low level management is engaged and committed to SPI project, if any

11. Stakeholders' attitude
11.1: Key stakeholders are highly committed to SPI project
11.2: Stakeholders accept planned SPI activities
11.3: Stakeholders follow defined software process
11.4: Stakeholders, who run a software process, have partial ownership of it
11.5: Stakeholders trust and respect SPI managers
11.6: Stakeholders participate in SPI project

Figura 31: Lista de controlo do SPI (Nikitina, et al., 2015)

CAPÍTULO 6
VALIDAÇÃO

6.1   Determinação dos QCA

É absolutamente importante determinar os possíveis QCA para validar a aplicação da teoria ISPF. Os peritos devem fazer a validação com base num elevado nível de abstração. As directrizes para a aplicação correcta desta estrutura podem ser representadas por QCA, pelo que a conformidade pode identificar se esta estrutura é bem sucedida ou não. Para a determinação dos QCA, foi efectuada uma revisão da literatura para descobrir os QCA mais comuns. Os seguintes QCA são os QCA mais comuns para qualquer quadro de IPS, à luz de estudos anteriores (Habib, 2009), (Kouzari, et al., 2015), (Viju, et al., 2013):

1. Compromisso.
2. Participação do pessoal.
3. Formação.
4. Recursos.
5. Equipas de ação do processo.
6. Experiência do pessoal.
7. Orientação.
8. Comentários - Feedback.
9. Metodologia de implementação.
10. Controlo.
11. Comunicação.
12. Retorno do investimento.
13. Sensibilização para o SPI.

6.2   Grupo de discussão

A discussão em grupo de foco consiste em reunir um pequeno grupo de especialistas para discutir um tópico específico com o investigador. Normalmente, é conduzida num estilo de fluxo livre. Este método é amplamente utilizado para compreender a opinião dos peritos sobre os processos de software (Christensen & Hansen, 2010). O principal objetivo da discussão do grupo de discussão era validar os 13 QCAs encontrados na fase anterior. Para o efeito, foi pedido a cinco peritos que se juntassem ao grupo e todos eles aceitaram o convite. A amostra era constituída por dois gestores de projectos e três engenheiros de software seniores. A sua idade média era de 38 anos. O grupo reuniu-se nas instalações da empresa. A discussão durou cerca de 2 horas em outubro de 2016. Cada um dos QCAs foi discutido separadamente e, no final da sessão, os QCAs validados foram seleccionados e colocados numa lista, que os peritos analisaram e confirmaram. Os peritos eliminaram três QCA: retorno do investimento, metodologia de implementação e sensibilização para o SPI. Também confirmaram os seguintes dez QCAs, que serão utilizados como entrada para a terceira fase:

1. Compromisso.
2. Participação do pessoal.
3. Formação.
4. Recursos.
5. Equipas de ação do processo.
6. Experiência do pessoal.
7. Orientação.
8. Comentários - Feedback.
9. Controlo.
10. Comunicação.

6.3 Método Delphi

O método Delphi é geralmente um método adequado para os investigadores que não dispõem de dados. Por conseguinte, necessitam da opinião de peritos. É considerado o método comum e eficaz nas investigações sobre o processo de software (Iden & Langeland, 2010). Nesta investigação, este método foi utilizado para descobrir a importância relativa dos QCAs aprovados pelo perito na discussão do grupo de discussão. Foram enviados e-mails de convite a dezoito peritos para o Delphi. Apenas dez aceitaram participar; estes peritos eram todos homens e a sua idade média era de 40 anos. A literatura sugere que os peritos para o painel Delphi devem ser entre dez a dezoito pessoas, a composição da amostra é ideal (Colomo-Palacios, et al., 2012). A aplicação Delphi teve duas rondas; os peritos colocaram os QCA em sequência numérica com base na sua importância na primeira ronda, e deram a classificação definitiva na segunda ronda.

Na primeira ronda, a lista dos factores validados foi enviada por correio eletrónico aos peritos e foi-lhes pedido que atribuíssem pontos a cada fator com base na sua importância, de 1 a 10 pontos. O fator mais importante deve receber 10 e o fator menos importante deve receber 1. Os resultados da primeira ronda estão resumidos no Quadro 7. Este resultado mostra que o fator 1, o empenho e o fator 2, o envolvimento do pessoal, são os mais importantes e obtiveram 65 pontos; por outro lado, o fator menos importante é o fator 6, a experiência do pessoal.

Quadro 7: Resumo da primeira ronda Delphi

	Expert 1	Expert 2	Expert 3	Expert 4	Expert 5	Expert 6	Expert 7	Expert 8	Expert 9	Expert 10	Total
Factor 1	10	2	10	8	10	3	1	1	10	10	65
Factor 2	9	8	9	2	9	6	2	9	9	2	65
Factor 3	8	6	8	9	8	7	3	3	8	9	62
Factor 4	7	4	5	7	7	10	4	4	7	3	58
Factor 5	6	10	4	10	6	1	10	5	3	1	56
Factor 6	5	7	1	4	5	2	6	6	1	5	42
Factor 7	4	9	2	1	4	5	9	7	2	4	47
Factor 8	3	5	6	3	3	8	5	8	6	6	53
Factor 9	2	3	7	6	2	4	7	2	4	8	52
Factor 10	1	1	3	5	1	9	8	10	5	7	50
Total	55	55	55	55	55	55	55	55	55	55	550

Na segunda ronda, o quadro 7 preparado na primeira ronda foi partilhado com todos os peritos através de uma discussão de grupo pelo Skype, que durou 40 minutos. Os resultados foram discutidos exaustivamente, tendo os factores 1 e 2 merecido mais atenção. Todos os peritos concordaram em desempatar o fator 1 e 2 através de votação. Dos 10 peritos, 7 votaram a favor do fator 1 e 3 votaram a favor do fator 2, o que significa que o fator 1 obteve mais 1 ponto para desempatar e ficou com 66. No final, mesmo havendo opiniões diferentes sobre a ordem dos factores, todos aceitaram que os resultados finais eram justos. A Tabela 8 apresenta os resultados.

Quadro 8: Resultado final do Delphi

	Factor No	Factor name	Factor points
Position 1	1	Commitment	66
Position 2	2	Staff involvement	65
Position 3	3	Training	62
Position 4	4	Resource	58
Position 5	5	Process action team	56
Position 6	8	Reviews – feedback	53
Position 7	9	Monitoring	52
Position 8	10	Communication	50
Position 9	7	Guidance	47
Position 10	6	Staff experience	42

A figura 32 mostra que o efeito dos dez factores sobre o êxito da aplicação do ISPF é quase idêntico, com um impacto que varia entre 8% e 12%. O fator mais importante é o empenho, com um impacto de 12%; o segundo fator importante é o envolvimento do pessoal, com um impacto de 12%. Por outro lado, o segundo fator menos importante é a orientação, que tem um impacto de 9%, e o fator menos importante é a experiência do pessoal, que tem um impacto de 8%.

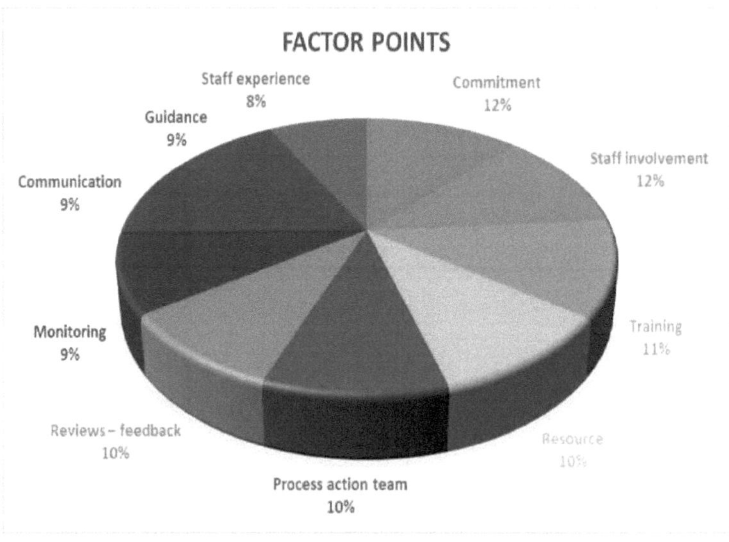

Figura 32: Pontos finais do Delphi

CAPÍTULO 7

CONCLUSÃO

Na verdade, o SPI é um processo muito complicado e as empresas geralmente enfrentam uma falta de experiência em lidar/gerenciar com o SPI; portanto, a maioria das iniciativas SPI falham mesmo que a empresa coloque esforços significativos (Ferreira & Wazlawick, 2011) (Nikitina, et al., 2015). Por outro lado, a maioria das estruturas de IPS concentra-se em aspectos tecnológicos, como os instrumentos e procedimentos, mas dificilmente dá atenção aos aspectos organizacionais (Nikitina, et al., 2015), o modelo de IPS de Zahran forneceu uma visão geral extensa que cobriu as partes organizacionais, sociais e gerenciais do IPS (Zahran, 1998), mas o modelo está desatualizado. No entanto, a literatura mostra que os CSFs reconhecem e incentivam o compromisso da gestão, o envolvimento do pessoal e as formações. Estes têm um papel importante na implementação do quadro do SPI (Habib, 2009). Por essa razão, este estudo acredita/entende que não existe um ponto de vista holístico (abordagem) no domínio recente do IPS, que abranja os aspectos organizacionais, sociais e de gestão e que os QCA conduzam ao sucesso da implementação do IPS.

7.1 Primeiro objetivo

Neste estudo, foram atingidos vários objectivos. O primeiro objetivo foi investigar as características das PMEs, que afectam os seus processos de desenvolvimento de software. Uma vez que este campo de estudo já tinha definido o conhecimento e muitos estudos tinham sido realizados para discutir e analisar as estruturas SPI e as características das PMEs, por isso, apenas a revisão da literatura foi realizada para melhorar a compreensão das características das PMEs e do modelo SPI. A revisão da literatura incluiu livros, artigos de revistas, relatórios e documentos de conferências. Foram definidas as características das PMEs que afectam a adoção do SPI e foram explorados os tópicos relacionados, como os processos, métodos e metodologias de desenvolvimento de software, o SPI e as ferramentas e modelos do SPI. Este exercício ajudou a confirmar os objectivos da investigação e a identificar a estratégia de investigação adequada para este estudo.

7.2 Segundo objetivo

O segundo objetivo era investigar os KPAs do CMMI e os métodos Agile adequados para as PMEs e como podem ser combinados para melhorar o processo de desenvolvimento de software. Para atingir esse objetivo, foi realizada uma investigação exploratória e explicativa. Foram estudados mais de 5 quadros relacionados - propostos por quadros SPI baseados em princípios e práticas ágeis - e as suas vantagens e limitações foram estudadas em pormenor. Esta investigação foi realizada porque o mesmo problema está atualmente a ser enfrentado pela indústria de desenvolvimento de software. Assim, esta investigação foi conduzida para avaliar a prontidão do SPI nas PME, bem como a aplicação do conceito e dos princípios ágeis e das práticas CMMI KPAs nas PME. À luz dos resultados da investigação, as práticas ágeis adequadas foram combinadas com as práticas correspondentes do CMMI KPA e, em seguida, utilizadas na estrutura do ISPF. Dois artigos intitulados "Software Process Improvement Frameworks as Alternative of CMMI for SMEs: A Literature Review" (AL-Ashmori, et al., 2016) e "Evaluating the readiness to adopt CMMI in Malaysian software SME" (AL-Ashmori, et al., 2017) foram o resultado deste objetivo.

7.3   Terceiro objetivo

O terceiro objetivo foi propor uma nova estrutura híbrida baseada nos métodos e princípios Agile e nos KPAs do CMMI para melhorar o processo de desenvolvimento de software nas PME. Neste estudo, os aspectos tecnológicos, organizacionais e de gestão do SPI foram explorados e colocados no contexto do domínio do SPI. O principal objetivo deste estudo foi desenvolver um quadro abrangente de FSI. Este quadro dá uma visão global do domínio das PMI e coloca os aspectos tecnológicos, organizacionais e de gestão das teorias relevantes relacionados com as PMI. Através desta investigação, foram alcançados outros objectivos. O primeiro é o mapeamento das práticas XP e Scrum para os KPAs do CMMI; dezoito dos vinte e um KPAs do CMMI foram mapeados com sucesso por uma das práticas XP ou Scrum como parte do roteiro ISP do ISPF. Outro objetivo era orientar a empresa para identificar os pontos fracos do seu processo de software atual com base nos KPAs do CMMI e como implementar o processo de software. O modelo fornece uma solução abrangente para as PMEs analisarem, planearem e implementarem as alterações ao seu atual processo de desenvolvimento de software. O ISPF tem quatro componentes; a infraestrutura SPI é o primeiro componente que contém as infra-estruturas necessárias para facilitar a cultura do processo e tomar a iniciativa de apoiar a melhoria do processo de software (Zahran, 1998). O roteiro do SPI é o segundo componente, que contém o modelo CMMI e o modelo de cultura organizacional da Schneider. A implementação do SPI é o terceiro componente, que é composto por dois modelos. O primeiro modelo é o modelo de melhoria do processo de software. Os padrões deste modelo representam os KPAs do CMMI, os contextos representam o nível de maturidade do CMMI e as soluções representam as práticas ágeis. O segundo modelo é o modelo de gestão da mudança de Kandt (Kandt, 2003). A avaliação SPI é o quarto componente. Para a avaliação da mudança da cultura organizacional, optou-se pelo OCAI (Cameron &

Quinn, 2002), e a avaliação de todo o projeto de IPS é baseada na lista de verificação de IPS

(Nikitina, et al., 2015). Esta lista de verificação descreve as propriedades das iniciativas SPI sustentáveis, os problemas nas iniciativas SPI, as suas causas, a avaliação das suas propriedades e as possíveis medidas para melhorar os problemas.

7.4 Quarto objetivo

O quarto objetivo era descobrir os QCA para validar a implementação do quadro proposto nas PME. Foram utilizados dois métodos de investigação, ou seja, a discussão em grupo e o Delphi, para concluir a validade teórica e determinar os QCA para o quadro proposto. Estes dois métodos são considerados adequados para investigações que visam aprender uma área de interesse com elevada complexidade, que tem um lago de dados históricos e opiniões de peritos (Herranz, et al., 2014).

Esta validação tem três fases principais. Na primeira fase, a lista de possíveis QCA é determinada através da revisão da literatura. Na segunda fase, a discussão do grupo de discussão é conduzida para validar os QCAs e eliminar os factores desnecessários. Na terceira fase, os QCAs validados são classificados por ordem de prioridade e finalizados através do método Delphi.

O objetivo final deste estudo foi a elaboração de uma lista dos QCA. Esta lista é a validação teórica do FSI com um elevado nível de abstração e é uma orientação para a aplicação correcta deste quadro, pelo que, através da conformidade, é possível identificar se este quadro é bem sucedido ou não (Habib, 2009), (Kouzari, et al., 2015), (Viju, et al., 2013). Assim, este estudo definiu os seguintes factores como os QCA para as implementações do FSI:

1. Compromisso.
2. Participação do pessoal.
3. Formação.
4. Recursos.
5. Equipas de ação do processo.
6. Comentários - Feedback.
7. Controlo.
8. Comunicação.
9. Orientação.
10. Experiência do pessoal.

7.5 Contribuição para o conhecimento prévio

Pode concluir-se que todos os objectivos do estudo foram alcançados. As características das PMEs foram definidas na revisão da literatura; e descobriram-se os métodos e práticas ágeis correctos para mapear os KPAs do CMMI; foi proposta uma estrutura abrangente de SPI que cobre os aspectos tecnológicos, organizacionais e de gestão da SPI numa abstração de alto nível; e a lista de CSFs foi fornecida como validação teórica do ISPF com abstração de alto nível. Em termos gerais, esta investigação contribui para o corpo de conhecimento especialmente relacionado com o SPI, abordando e destacando a importância do contexto organizacional, as mudanças na gestão e a utilização dos métodos ágeis no domínio do SPI.

7.6   limitações

O investigador acredita que conseguiu fazer justiça com a investigação, abordando os problemas de investigação e encontrando respostas para as questões e objectivos da investigação. No entanto, estas respostas não oferecem uma compreensão completa ou holística das iniciativas do SPI, porque o SPI é um processo extremamente complicado e variado que inclui numerosos aspectos tecnológicos, organizacionais e de gestão, e também porque a visão universal do processo do SPI abrange estruturalmente muitas áreas científicas como a engenharia de software, a ciência das organizações e a psicologia das pessoas. Além disso, o modelo de gestão da mudança de Kandt, como parte dos componentes de implementação do SPI, explica em geral os passos necessários para gerir as mudanças organizacionais e culturais, mas não fornece mais pormenores sobre a forma como isso pode ser feito. Além disso, o principal objetivo deste estudo, o ISPF, não foi avaliado num contexto industrial porque requer muito tempo e recursos financeiros.

7.7   Conclusão e trabalhos futuros

A finalidade deste estudo foi cumprida ao atingir com êxito o quarto objetivo. E, mais importante, alcançando o terceiro objetivo, introduzindo o ISPF como uma estrutura SPI para as PME, que se baseia no mapeamento das práticas CMMI KPA e das práticas ágeis. Esta estrutura também abrange os aspectos tecnológicos, organizacionais e de gestão do SPI. No entanto, recomenda-se também que todas as pessoas afectadas pelas iniciativas SPI estejam empenhadas e concordem com as novas mudanças, enquanto as pessoas que estão a introduzir estas mudanças devem estar totalmente empenhadas e devem ter o crédito e a propriedade. Além disso, as mudanças devem ser bem geridas para garantir a fluidez e a eficácia da implementação do SPI, através de um planeamento e de uma preparação cuidadosos e de um incentivo suave à mudança do processo. Consequentemente, o sucesso e a sustentabilidade dos esforços do SPI podem ser alcançados apenas através do reconhecimento dos aspectos organizacionais e de gestão do SPI na empresa. No futuro, alguém tem de implementar o ISPF nas PMEs para confirmar a sua viabilidade e eficácia no ambiente real da indústria. Além disso, ao implementar o ISPF, a avaliação pode ser efectuada para determinar a implicação desta estrutura e teoria. E, também, a sua aplicação prática, os seus pontos fortes e fracos.

REFERÊNCIAS

Abdullah, M., Moha & Isa Haji Bakar, M. (2000) Small and Medium Enterprises in Asian Pacific Countries: Roles and Issues. s.l.:Nova Science Pub Inc.

Ahern, D., Clouse, A. & Turner, R. (2008) CMMII Distilled: A Practical Introduction to Integrated Process Improvement. 3rd Ed. s.l.:Addison-Wesley Professional.

7.8   Ashmori, A. M., Babak, B. R., & Suhaimi, I. (2016) Software Process Improvement Frameworks as Alternative of CMMI for SMEs: A Literature Review. Journal of Software Engineering.

AL-Ashmori, A. M., Babak, B. R., AL-Ameri, A. S. & Ahanin, Z. (2017) Avaliação da prontidão para adotar o CMMI nas PME de software da Malásia. Kuala Lumpur, Gyancity Research Lab.

Al-Baik, O. & Miller, J. (2014) A abordagem kanban, entre a agilidade e a magreza: uma revisão sistemática. Empirical Software Engineering, 20(6), pp. 1861-1897.

Almomani, M., Basri, S., Mahmood, A. & Bajeh, A. (2015) Software Development Practices and Problems in Malaysian Small and Medium Software Enterprises: A Pilot Study. IT Convergence and Security (ICITCS), pp. 1-5.

Alshammari, F. & Ahmed, R. (2011) Um estudo empírico sobre os factores que afectam o tempo de transição entre os níveis de integração do modelo de maturidade das capacidades (CMMI) na Arábia Saudita.

Anderson, D. & Ackerman, A. (2010) Beyond Change Management: How to Achieve Breakthrough. 2ª ed. São Francisco: Pfeiffer.

Anderson, D. J. (2010) Kanban: Successful Evolutionary Change for Technology Organizations [Mudança evolutiva bem-sucedida para organizações de tecnologia]. s.l.:s.n.

Bartoli, A. & Hermel, P. (2004) Managing change and innovation in IT implementation process. Journal of Manufacturing Technology Management, 15(5), p. 416-425.

Cameron, K. S. & Quinn, R. E. (2002) Instrumento de Avaliação da Cultura Organizacional. s.l., s.n.

Chevers, D. A. & Duggan, E. W. (2007) A Modified Capability Framework for Improving Software Production Processes in Jamaican Organisations. s.l., s.n.

Christensen, H. B. & Hansen, K. M. (2010) An empirical investigation of architectural prototyping. Journal of Systems and Software, 83(1), pp. 133-142.

Claudia, V., Mirna, M. & Jezreel, M. (2013) CARACTERIZAÇÃO DAS NECESSIDADES DE MELHORIA DOS PROCESSOS DE SOFTWARE NAS PME. Conferência Internacional sobre Mecatrónica, Eletrónica e Engenharia Automóvel (ICMEAE), pp. 223-

228.

Colomo-Palacios, R., Soto-Acosta, P., Garda-Penalvo, F. J. & Garda-Crespo, A. (2012) Um estudo do impacto do desenvolvimento global de software no planeamento do lançamento de software em pacote. Journal of Universal Computer Science, 18(19), pp. 2646-2668.

Creswell, J. W. (2013) Research design: Qualitative, quantitative, and mixed methods approaches. s.l.:Sage publications.

Dangle, K. C., Larsen, P., Shaw, M. & Zelkowitz, M. V. (2005) Software process improvement in small organizations: a case study. Software, IEEE, 22(6), pp. 68-75.

CE, E. C., 2006. O que é uma PME? [Em linha].

Disponível em: http://ec.europa.eu/growth/smes/business-friendly-environment/sme-definition/index_en.htm

[Acedido em 20 12 2015].

Ferreira, M. G. & Wazlawick, R. S. (2011) Melhoria de Processos de Software: Uma mudança organizacional que precisa ser gerenciada e motivada. management, 6, p. 19. Gray, D. E. (2013) Doing research in the real world. s.l.:Sage.

Habib, M. et al. (2008) Blending six sigma and CMMI-an approach to accelerate process improvement in SMEs. s.l., IEEE.

Habib, Z. (2009) Os factores críticos de sucesso na implementação de esforços de melhoria de processos de software: CSFs, motivadores e obstáculos. s.l.:s.n.

Hansen, B., Rose, J. & Tj0Rneh0, J. G. (2004) Prescrição, descrição, reflexão: a forma do campo de melhoria do processo de software. Revista Internacional de Gestão da Informação, 24(6), pp. 457-472.

Hashim, M. & Abdullah, M. (2000) SMEs in the Malaysian Manufacturing Sector: A proposal for redefining SMEs and A study on the firm characteristics-performance relationships. [Em linha].

Disponível em   :

http://ir.uitm.edu.my/3727/1/LP_MOHD_KHAIRUDIN_HASHIM_00_24.pdf [Acedido em 20 12 2015].

Hayes, S. & Richardsson, I. (2008) Scrum Implementation Using Kotter's Change Model. Berlim, Springer.

Heikkila, M. (2009) Learning and Organizational Change in SPI Initiatives. Berlim: Springer.

Herranz, E., Palacios, R. C., de Amescua Seco, A. & Yilmaz, M. (2014) Gamification as a Disruptive Fator in Software Process Improvement Initiatives. Journal of Universal Computer Science, 20(6), pp. 885-906.

Iden, J. & Langeland, L. (2010) Preparar o terreno para uma adoção bem sucedida da ITIL: A Delphi study of IT experts in the Norwegian armed forces. Gestão de sistemas de informação, 27(2), pp. 103-112.

IEEE Computer Society (1991) IEEE Standard Computer Dictionary: A Compilation of IEEE Standard. Nova Iorque: O Instituto de Engenheiros Eléctricos e Electrónicos.

Iqbal, J. et al. (2015) Software SMEs' unofficial readiness for CMMI®-based software process improvement. Software Quality Journal, pp. 1-27.

ISixSigma (2010) Six Sigma DMAIC Roadmap. [Online]

Disponível em: http://www.isixsigma.com/dmaic/six-sigma-dmaic-roadmap [Acedido em 26 de janeiro de 2016].

Kalpana, A. M. & Jeyakumar, A. E. (2010) Estrutura de improvisação de processos de software usando uma abordagem baseada em lógica difusa para uma organização indiana de software de pequena escala. Jornal Internacional de Ciência da Computação e Segurança de Redes, 10(3), pp. 111-118.

Kandt, R. K. (2003) Ten Steps to Successful Software Process Improvement. 27ª Conferência Internacional Anual sobre Software e Aplicações Informáticas.

Khan, M. I., Qureshi, M. A. & Abbas, Q. (2010) Agile methodology in software development (SMEs) of Pakistan software industry for successful software projects (CMM framework). s.l., IEEE, pp. 576-580.

Khurshid, N., Bannerman, B. & Staples, M. (2009) Overcoming the First Hurdle: Why Organizations Do Not Adopt CMMI. s.l., International Conference on Software Process.

Khurshid, N., Bannerman, B. & Staples, M. (2009) Overcoming the First Hurdle: Why Organizations Do Not Adopt CMMI. s.l., International Conference on Software Process.

Kinnula, A. (2001) Software process engineering systems: models and industry cases. s.l., Oulun yliopisto.

Kniberg, H. & Skarin, M. (2010) Kanban and Scrum: making the most of both. EUA: C4Media Inc.

Kotter, J. P. (1995) Leading Change: Why Transformation Efforts Fail? Harvard Business Review OnPoint, Volume março-abril, pp. 59-67.

Kouzari, E., Gerogiannis, V. C., Stamelos, I. & Kakarontzas, G. (2015) Critical Success Factors And Barriers For Lightweight Software Process Improvement In Agile Development A Literature Review. s.l., Researchgate.

Laporte, C., April, A. & Renault, A. (2006) Aplicar as normas de engenharia de software ISO/IEC em pequenos contextos: Perspectivas históricas e realizações iniciais. Luxemburgo,

Conferência SPICE.

Lukasiewicz, K. & Miler, J. (2012) Melhorar a agilidade e a disciplina do desenvolvimento de software com o Scrum e o CMMI. IET Software, 6(5), pp. 416-422.

Maciaszek, L. A. & Liong, B. L. (2006) Practical Software Engineering. Harlow, Inglaterra: Pearson,.

Martins, P. V. & da Silva, A. R. (2010) Pit-processm: Um meta-modelo de melhoria de processos de software. s.l., IEEE, pp. 453-458.

Mata, M. A., Alvarado, C. V. & Miranda, J. M. (2015) Ajudar as organizações a direcionar o seu esforço para a implementação de melhorias no seu processo de software. Revista Facultad de Ingenieria, pp. 115-126.

McFeeley, B. (1996) IDEAL: A User's Guide for Software Process Improvement. s.l., CARNEGIE-MELLON UNIV PITTSBURGH PA SOFTWARE ENGINEERING INST.

Merriam-Webster Incorporated, n.d. Merriam-Webster Dictionary. [Online].

Disponível em: http://www.merriam-webster.com/dictionary/method [Acedido em 10 de janeiro de 2016].

Murphy, A. & Ledwith, A. (2006) PROJECT MANAGEMENT TOOLS AND TECHNIQUES IN HIGH-TECH SMES IN IRELAND. Limerick, Conferência das Pequenas Empresas de Alta Tecnologia.

Myers, M. D. (2009) Qualitative Research in Business & Management. Londres: Saga.

Nguyen-Huy, Q. (2001) Time, temporal capability, and planned change. Academy of management Review, 26(4), pp. 601-623.

Niazi, M., Babar, M. A. & Verner, J. M. (2010) Barreiras à melhoria do processo de software: A cross-cultural. Information and Software Technology, 52(11), pp. 12041216.

Nikitina, N., Kajko-Mattsson, M. & Nolan, A. J. (2015) Successful process improvement projects are no accidents. Journal of Software: Evolution and Process, 27(11), pp. 896-911.

O'Connor, R. & Coleman, G. (2009) Ignoring Best Practice: Porque é que as PME irlandesas do sector do software estão a rejeitar o CMMI e a ISO 9000. Australasian Journal of Information Systems, 16(1).

Pandiyan, V. & Chandran, V. (2009) Research Methods: A Simple Guide for Business Undergraduates. Selangor: Centro de Publicações da Universidade (UPENA), UiTM.

Paula, V. & Alberto, R. (2010) PIT-ProcessM: Um Meta-Modelo de Melhoria de Processos de Software. Seventh International Conference on the Quality of Information and Communications Technology.

Pfleeger , . S. L. & Atlee, J. M. (2009) Software Engineering: Teoria e Prática. 4 ed., New

Jersey, USA. Nova Jersey, EUA: Pearson Prentice Hall.

Pino, F., Garda, F. & Piattini, M. (2008) Melhoria do processo de software em pequenas e médias empresas de software: uma revisão sistemática. Software Quality Journal, pp. 237261.

Porta, D. & Keating, M. (2008) Approaches and methodologies in the social sciences: A pluralist perspective. s.l.:Cambridge University Press.

Pressman, R. & Maxim, B. (2010) Software Engineering: A Practitioner's Approach. 8 ed., New York. Nova Iorque: McGraw-Hill.

Pressman, R. & Maxim, B. (2010) Software Engineering: A Practitioner's Approach. 8ª ed. Nova Iorque: McGraw-Hill.

Pries-Heje, J. & Johansen, J. (2010) SPI Manifesto. s.l.:s.n.

Pyzdek, T. & Keller, P. A. (2010) Six Sigma Handbook: A Complete Guide for Green Belts, Black Belts, and Managers at All Levels (Um Guia Completo para Green Belts, Black Belts e Gerentes de Todos os Níveis). 3ª ed. Nova Iorque: McGraw-Hill.

Royce, W., 1970. Managing the Development of Large Software Systems. s.l., IEEE, pp. 1-9.

Sahota, M. (2012) Um guia de sobrevivência para a adoção e transformação ágeis: Trabalhando com a cultura organizacional. s.l., InfoQ.

Saunders, M. & Tosey, P. (2012). As camadas da conceção da investigação. Rapport, Winter, pp. 58-59.

Schneider, W. E. (2000) Why good management ideas fail: the neglected power of organizational. Strategy and Leadership, 28(1), pp. 24-29.

Schwaber, K. & Beedle, M. (2001) Agile Software Development with Scrum. Englewood, Prentice-Hall.

Scotland, J. (2012) Explorar os fundamentos filosóficos da investigação: relacionar a ontologia e a epistemologia com a metodologia e os métodos dos paradigmas de investigação científica, interpretativa e crítica. Ensino da Língua Inglesa, 5(9), p. 9.

SEI, S. (2007) Capability Maturity Model Integration (CMMI) Version 1.2 Overview. [Online].
Disponível em: : http://www.sei.cmu.edu/cmmi/adoption/ pdf/cmmi-overview07.pdf [Acedido em 18 de janeiro de 2016].

Shields, P. M. & Rangarajan, N. (2013) A playbook for research methods: Integração de quadros conceptuais e gestão de projectos. s.l., New Forums Press.

Sommerville, I. (2011) Software Engineering. 9 ed. Harlow, Inglaterra: Person Education Limited.

Staples, M. & Niazi, M. (2010) Two Case Studies on Small Enterprise Motivation and

Readiness for CMMI. Nova Iorque, A 11ª Conferência Internacional sobre Software Focado no Produto.

Trochim, W. (2005) Research Methods: The Concise Knowledge Base. s.l.:Cornell University.

Uma, S. & Roger, B. (2003) Research methods for business: A skill building approach. Nova Iorque: s.n.

VersionOne, 2013. 7ª Pesquisa de Desenvolvimento Ágil. [Online]

Disponível em: https://www.versionone.com/pdf/7th-Annual-State-of-Agile-Inquérito sobre o desenvolvimento.pdf

[Acedido em 28 de fevereiro de 2016].

Viju, G., Abd-Elsalam, M., Ibrahim, K. & Jassim, M. (2013) O Impacto das Melhorias nos Processos de Software em Pequenas e Médias Empresas. Jornal Internacional de Computação e Engenharia Soft (IJSCE), 3(4).

Zahran, S. (1998) Software Process Improvement: Practical Guidelines for Business Success. Harlow, Inglaterra: Addison-Wesley.

Zhang, L. & Shao, D. (2011) Software Process Improvement for Small and Medium Organizations Based on CMMI. s.l., IEEE, pp. 2402-2405.

Zhang, L. & Shao, D. (2012) Research on combining scrum with CMMI in small and medium organizations. s.l., IEEE, pp. 554-557.

Zhang, W., Feng, S., Guan, J. & Xu, Y. (2013) Um método de avaliação sintética da qualidade do software. Journal of Convergence Information Technology (JCIT), 8(9), p. 506.

APÊNDICE A

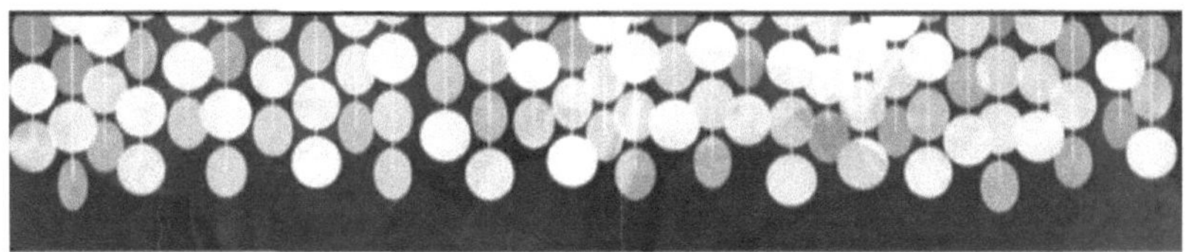

Evaluating the readiness to adopt CMMI level 2.

Continue »

Evaluating the readiness to adopt CMMI level 2.

Personal Information

1- What's your team/ department? *

2- How old are you? *
- ○ Less than 30 year
- ○ 30-40 years
- ○ Over 40 years

3- What is your gender? *
- ○ Male
- ○ Female

4- What is your job? *
- ○ Project manager
- ○ Team manager
- ○ Manager associate
- ○ Business analysis
- ○ Senior developer
- ○ Developer
- ○ Quality assurance engineer
- ○ Other:

5- What is your eduction level? *
- ○ Phd
- ○ Master
- ○ Degree
- ○ Diploma
- ○ High school
- ○ Other:

6- How many years of work experience do you have? *
- ○ 0-2 years
- ○ 3-5 years
- ○ 6-10 years
- ○ More than 10 years

7- How long have you been working in the company? *
- ○ less than a year
- ○ 1-2 years
- ○ more than 2 years

« Back   Continue »

Evaluating the readiness to adopt CMMI level 2.

* Required

Agile

8- How expert are you relevant agile? *

○ No agile experience

○ Beginner

○ Medium

○ Expert

9- The company should adopt agile. *

1 2 3 4 5

Strongly disagree ○ ○ ○ ○ ○ Strongly agree

10- Which Agile method you mostly used? *

○ None

○ SCRUM

○ Kanban

○ Unified Process

○ Lean

○ RAD

○ Feature Driven Development

○ Crystal Clear

○ Team Software Process

○ Agile Modelling

○ XP (Extreme Programming)

○ Other: ___________

11- Which Agile Techniques you mostly used? *

- None
- Sprints and Meetings
- Continuous Integration
- Pair Programming
- Poker Game Prioritization
- Continuous Testing
- Story Board Planning
- Working Product after Each Iteration
- Work with Co Located and Distributed Teams
- Stakeholder Participation
- Lack of Documentation
- Backlogs
- Time Boxing
- Iterative Software development
- Other:

12- Which Agile Tools you mostly used? *

- None
- Web development
- Drawing
- Automated functional testing
- Automated unit testing
- Automated regression testing
- Automated build
- Automated code documentation
- Automated quality assurance
- Load and perform test
- Bug tracking system
- Refactoring browser
- Central code version management
- Agile project management
- S/W configuration management
- Tool integration platform
- Printing whiteboard
- Integrated CASE
- Other:

13- Which modelling notations you mostly used? ·

- None
- Class diagrams
- Use case diagrams
- Use case specifications
- Activity diagrams
- State diagrams
- Flowcharts
- Work flow diagrams
- Sequence diagrams
- Entity-relationship diagrams (ERDS)
- Other:

14- Which Practices you mostly used? ·

- None
- Automated Unit Tests
- Iterative Development
- Continuous Integration
- Self Directing Teams
- Sustainable Pace
- Iterative Questions
- Time boxed iterations
- Working Software
- Feedback Used
- Estimating
- Prioritized Backlog
- Daily Meeting
- User Stories
- Other:

15- What are the main problems you are facing regarding developing practices in the company?

16- What are the main improvements you could recommend regarding developing practices in the company?

« Back   Continue »

17- Requirements management

	Very poor	Poor	Natural	Good	Very good
Obtain an understanding of requirements	○	○	○	○	○
Identify business and functional requirements	○	○	○	○	○
Review requirements by QA team	○	○	○	○	○
Identify quality requirements	○	○	○	○	○
Identify inconsistencies between project work and requirements	○	○	○	○	○
Obtain commitment to requirements	○	○	○	○	○
Identify requirement test plan	○	○	○	○	○
Manage requirements changes	○	○	○	○	○

18- Establish estimates

	Very poor	Poor	Natural	Good	Very good
Estimate the scope of the project	○	○	○	○	○
Establish estimates of work product and task attributes	○	○	○	○	○
Define project life cycle	○	○	○	○	○
Determine estimates of effort and cost	○	○	○	○	○

19- Develop a project Plan

	Very poor	Poor	Natural	Good	Very good
Establish the budget and schedule	○	○	○	○	○
Identify project risks	○	○	○	○	○
Plan for data management	○	○	○	○	○
Plan for project resources	○	○	○	○	○
Plan for needed knowledge and skills	○	○	○	○	○
Plan stakeholder involvement	○	○	○	○	○
Establish the project plan	○	○	○	○	○
Establish software quality assurance plan	○	○	○	○	○

20- Obtain Commitment to the Plan

	Very poor	Poor	Natural	Good	Very good
Review plans that affect the project	○	○	○	○	○
Reconcile work and resource levels	○	○	○	○	○
Obtain plan commitment	○	○	○	○	○
Monitor project planning parameters	○	○	○	○	○
Record project plan deviations	○	○	○	○	○
Discuss project plan deviations	○	○	○	○	○

21- Monitor project against plan

	Very poor	Poor	Natural	Good	Very good
Monitor project planning parameters	○	○	○	○	○
Monitor commitments	○	○	○	○	○
Monitor project risks	○	○	○	○	○
Monitor data management	○	○	○	○	○
Monitor stakeholder involvement	○	○	○	○	○
Conduct progress reviews	○	○	○	○	○
Conduct milestone reviews	○	○	○	○	○

22- Manage corrective action to closure

	Very poor	Poor	Natural	Good	Very good
Analyze issues	○	○	○	○	○
Take correction action	○	○	○	○	○
Manage corrective action	○	○	○	○	○

23- Align measurement and analysis activities

	Very poor	Poor	Natural	Good	Very good
Establish measurement objectives	○	○	○	○	○
Specify measures	○	○	○	○	○
Specify data collection and storage procedures	○	○	○	○	○
Specify analysis procedures	○	○	○	○	○

24- Provide measurement results

	Very poor	Poor	Natural	Good	Very good
Collect measurement data	○	○	○	○	○
Analyze measurement data	○	○	○	○	○
Store data and results	○	○	○	○	○
Communicate results	○	○	○	○	○

25- Objectively evaluate processes

	Very poor	Poor	Natural	Good	Very good
Objectively evaluate processes	○	○	○	○	○
Objectively evaluate work products and services	○	○	○	○	○
Communicate and ensure resolution of noncompliance issues establish records	○	○	○	○	○

26- Establish baselines

	Very poor	Poor	Natural	Good	Very good
Identify configuration items	○	○	○	○	○
Establish a configuration management system	○	○	○	○	○
Create or release baselines	○	○	○	○	○

27- Track and control changes

	Very poor	Poor	Natural	Good	Very good
Track change requests	○	○	○	○	○
Control configuration items	○	○	○	○	○

28- Establish integrity

	Very poor	Poor	Natural	Good	Very good
Establish configuration management records	○	○	○	○	○
Perform configuration audits	○	○	○	○	○

29- What are the main problems you are facing regarding quality practices in the company?

30- What are the main improvements you could recommend regarding qaulity practices in the company?

« Back   Submit

Folha de dados:

Obtain an understanding of requirements [17- Requirements management]

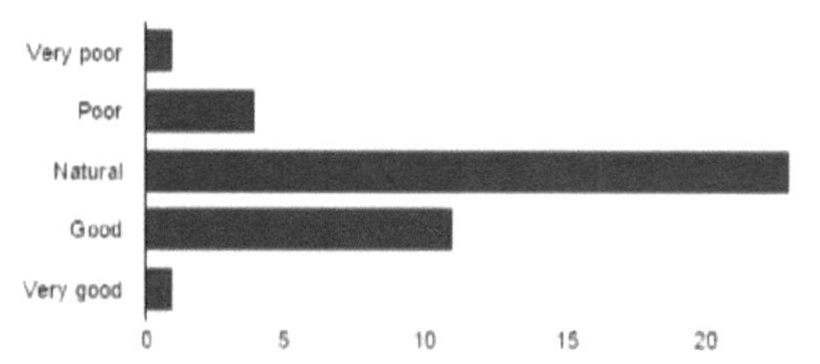

Identify business and functional requirements [17- Requirements management]

Review requirements by QA team [17- Requirements management]

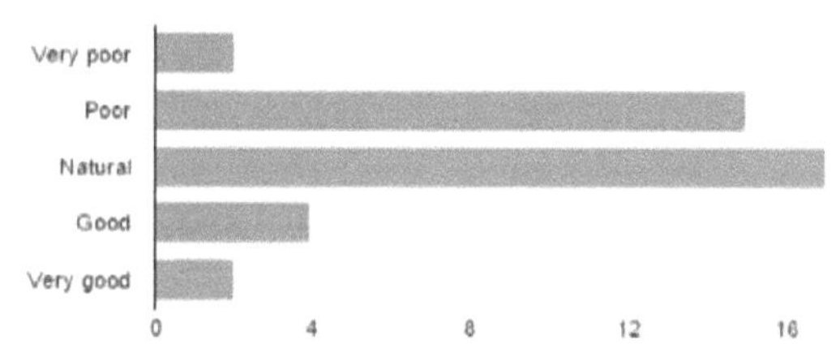

Identify quality requirements [17- Requirements management]

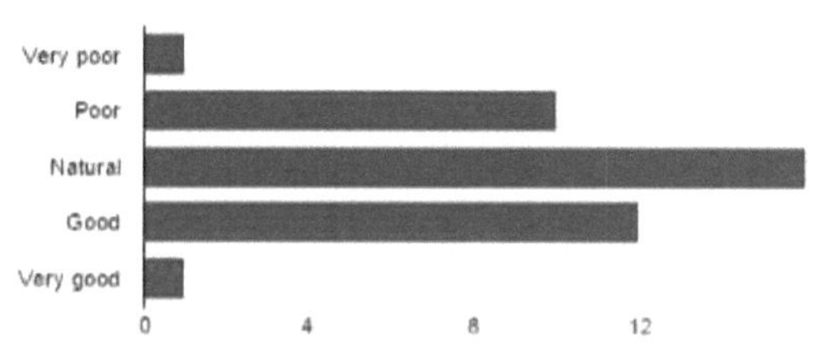

Identify inconsistencies between project work and requirements [17- Requirements management]

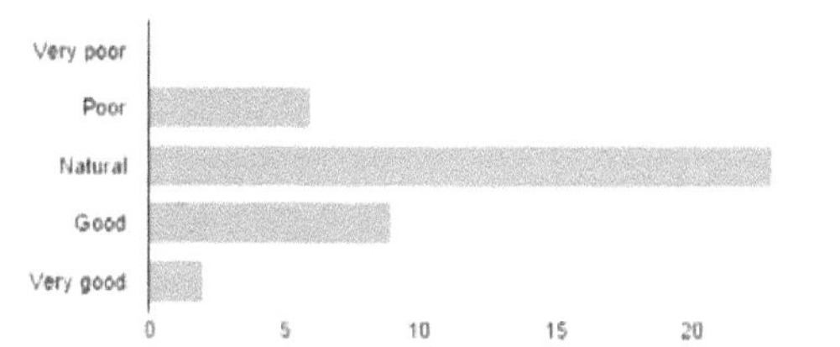

Very poor	0	0%
Poor	6	15%
Natural	23	57.5%
Good	9	22.5%
Very good	2	5%

Obtain commitment to requirements [17- Requirements management]

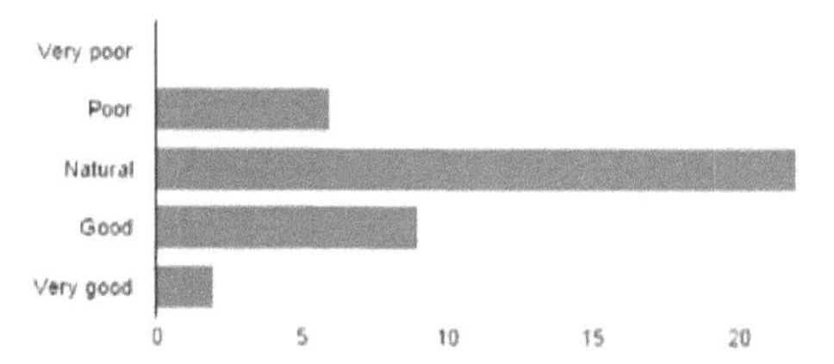

Very poor	0	0%
Poor	6	15.4%
Natural	22	56.4%
Good	9	23.1%
Very good	2	5.1%

Identify requirement test plan [17- Requirements management]

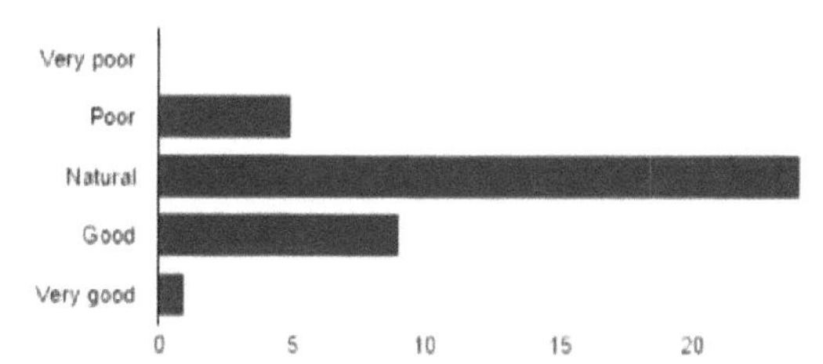

Very poor	0	0%
Poor	5	12.8%
Natural	24	61.5%
Good	9	23.1%
Very good	1	2.6%

Manage requirements changes [17- Requirements management]

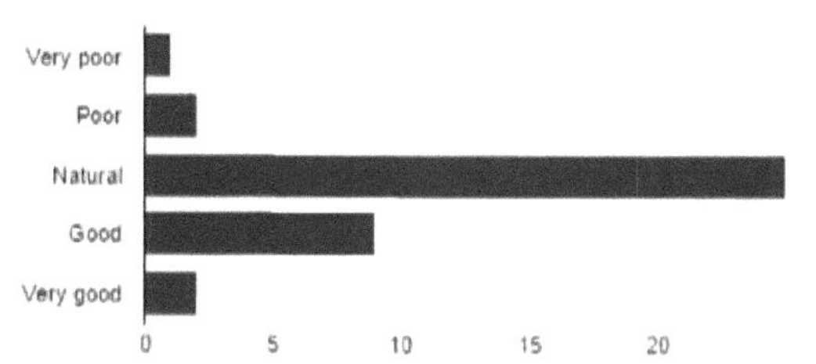

Very poor	1	2.6%
Poor	2	5.1%
Natural	25	64.1%
Good	9	23.1%
Very good	2	5.1%

Estimate the scope of the project [18- Establish estimates]

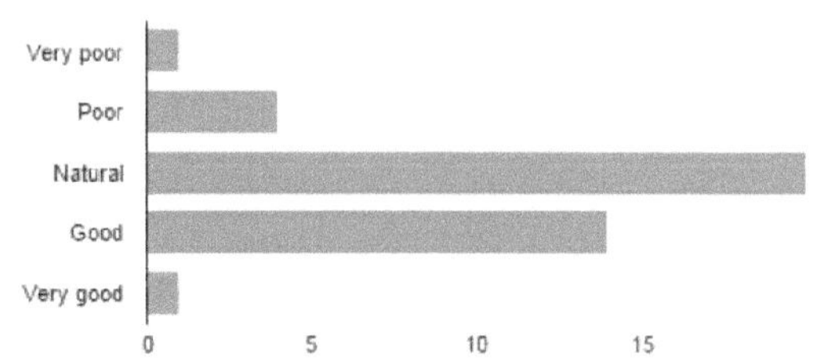

Very poor	**1**	2.5%
Poor	**4**	10%
Natural	**20**	50%
Good	**14**	35%
Very good	**1**	2.5%

Establish estimates of work product and task attributes [18- Establish estimates]

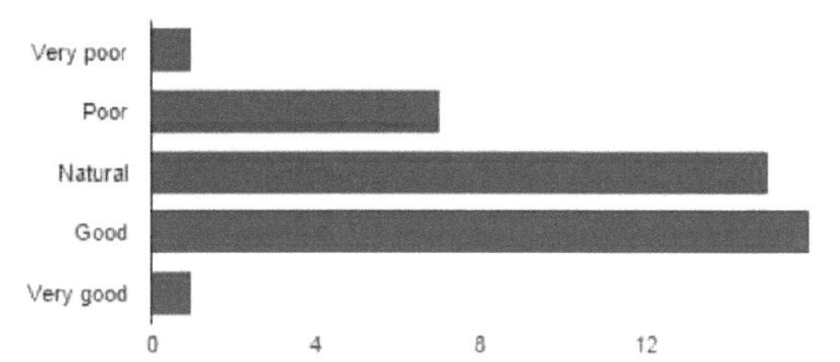

Very poor	**1**	2.5%
Poor	**7**	17.5%
Natural	**15**	37.5%
Good	**16**	40%
Very good	**1**	2.5%

Define project life cycle [18- Establish estimates]

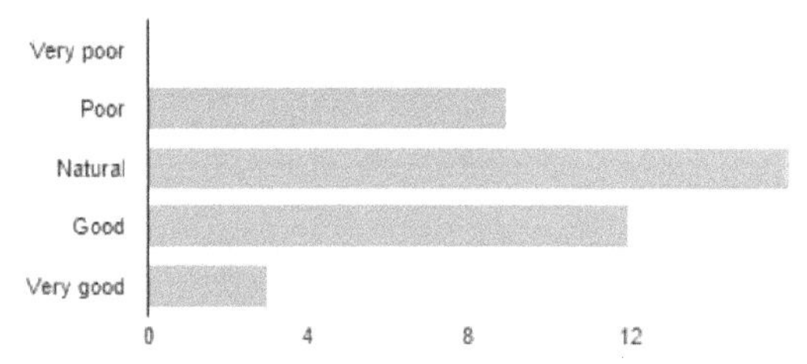

Very poor	**0**	0%
Poor	**9**	22.5%
Natural	**16**	40%
Good	**12**	30%
Very good	**3**	7.5%

Determine estimates of effort and cost [18- Establish estimates]

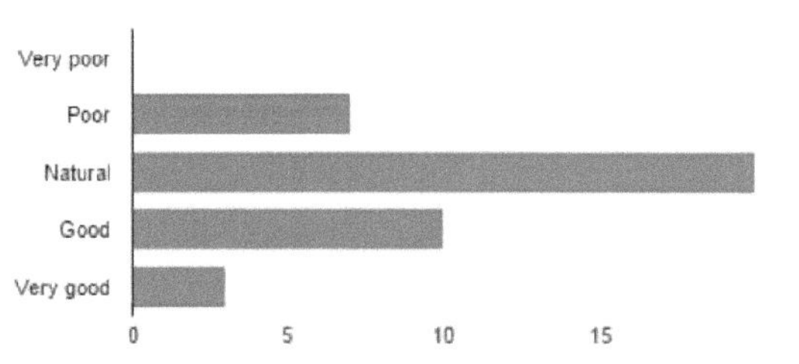

Very poor	**0**	0%
Poor	**7**	17.5%
Natural	**20**	50%
Good	**10**	25%
Very good	**3**	7.5%

Establish the budget and schedule [19- Develop a project Plan]

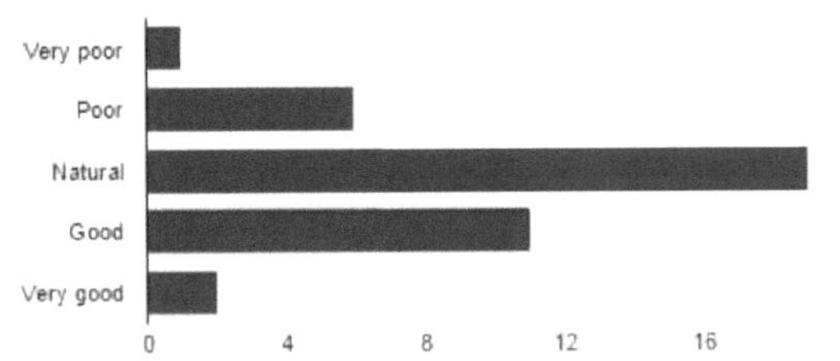

Very poor	1	2.6%
Poor	6	15.4%
Natural	19	48.7%
Good	11	28.2%
Very good	2	5.1%

Identify project risks [19- Develop a project Plan]

Very poor	0	0%
Poor	9	23.1%
Natural	19	48.7%
Good	10	25.6%
Very good	1	2.6%

Plan for data management [19- Develop a project Plan]

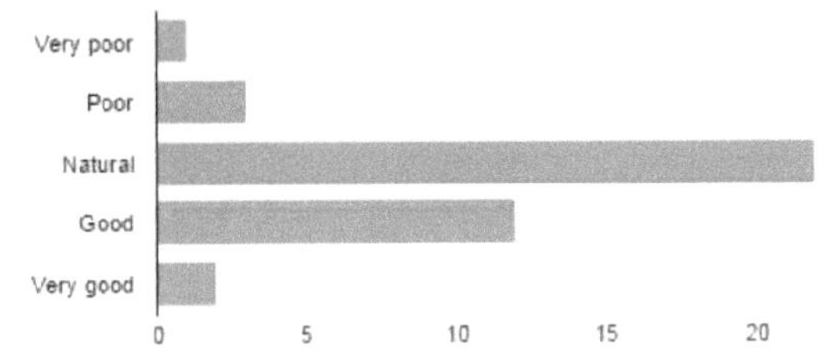

Very poor	1	2.5%
Poor	3	7.5%
Natural	22	55%
Good	12	30%
Very good	2	5%

Plan for project resources [19- Develop a project Plan]

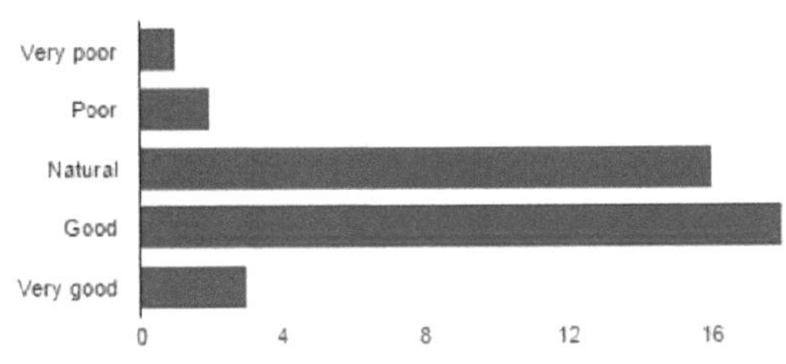

Very poor	1	2.5%
Poor	2	5%
Natural	16	40%
Good	18	45%
Very good	3	7.5%

Plan for needed knowledge and skills [19- Develop a project Plan]

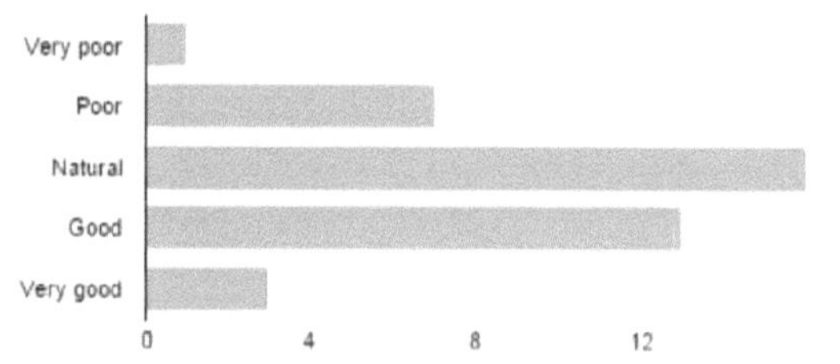

Very poor	1	2.5%
Poor	7	17.5%
Natural	16	40%
Good	13	32.5%
Very good	3	7.5%

Plan stakeholder involvement [19- Develop a project Plan]

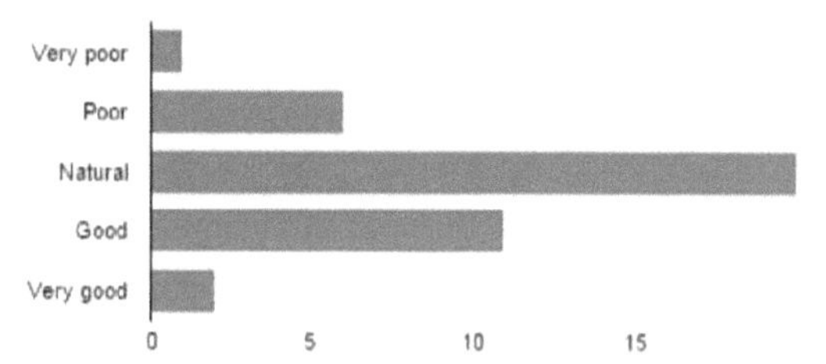

Very poor	1	2.5%
Poor	6	15%
Natural	20	50%
Good	11	27.5%
Very good	2	5%

Establish the project plan [19- Develop a project Plan]

Very poor	1	2.5%
Poor	8	20%
Natural	19	47.5%
Good	10	25%
Very good	2	5%

Establish software quality assurance plan [19- Develop a project Plan]

Very poor	3	7.7%
Poor	8	20.5%
Natural	14	35.9%
Good	13	33.3%
Very good	1	2.6%

Review plans that affect the project [20- Obtain Commitment to the Plan]

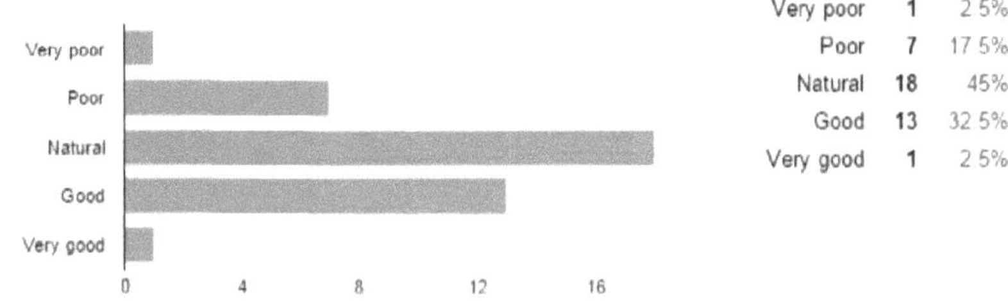

Very poor	1	2.5%
Poor	7	17.5%
Natural	18	45%
Good	13	32.5%
Very good	1	2.5%

Reconcile work and resource levels [20- Obtain Commitment to the Plan]

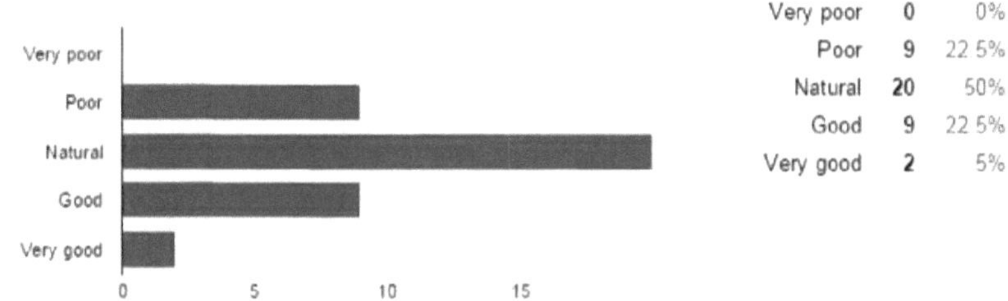

Very poor	0	0%
Poor	9	22.5%
Natural	20	50%
Good	9	22.5%
Very good	2	5%

Obtain plan commitment [20- Obtain Commitment to the Plan]

Very poor	0	0%
Poor	11	27.5%
Natural	19	47.5%
Good	8	20%
Very good	2	5%

Monitor project planning parameters [20- Obtain Commitment to the Plan]

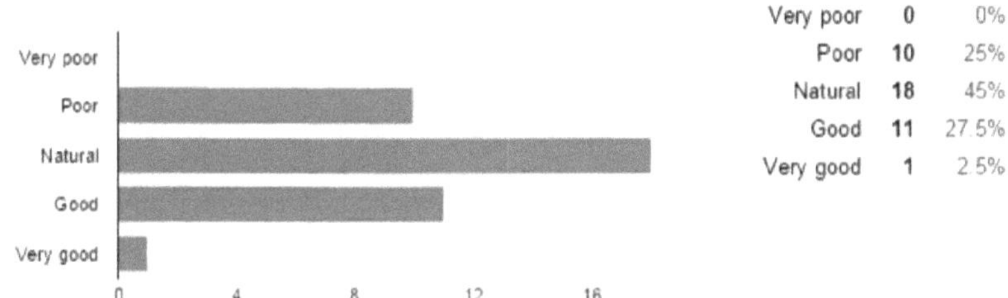

Very poor	0	0%
Poor	10	25%
Natural	18	45%
Good	11	27.5%
Very good	1	2.5%

Record project plan deviations [20- Obtain Commitment to the Plan]

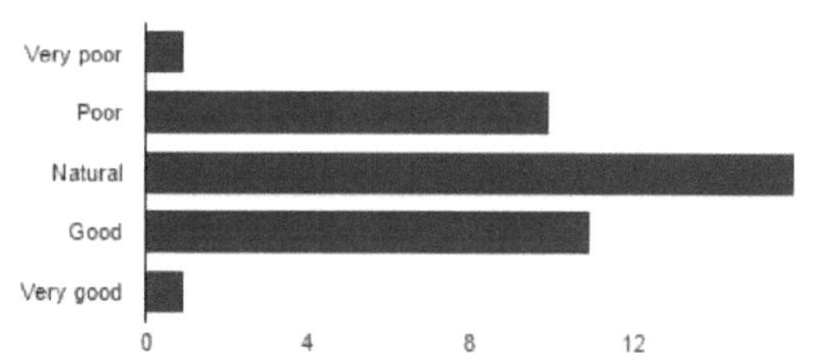

Very poor	1	2.6%
Poor	10	25.6%
Natural	16	41%
Good	11	28.2%
Very good	1	2.6%

Discuss project plan deviations [20- Obtain Commitment to the Plan]

Very poor	1	2.6%
Poor	8	20.5%
Natural	19	48.7%
Good	9	23.1%
Very good	2	5.1%

Monitor project planning parameters [21- Monitor project against plan]

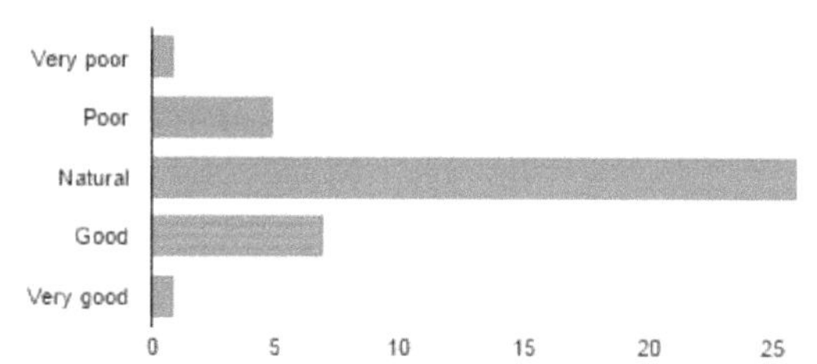

Very poor	1	2.5%
Poor	5	12.5%
Natural	26	65%
Good	7	17.5%
Very good	1	2.5%

Monitor commitments [21- Monitor project against plan]

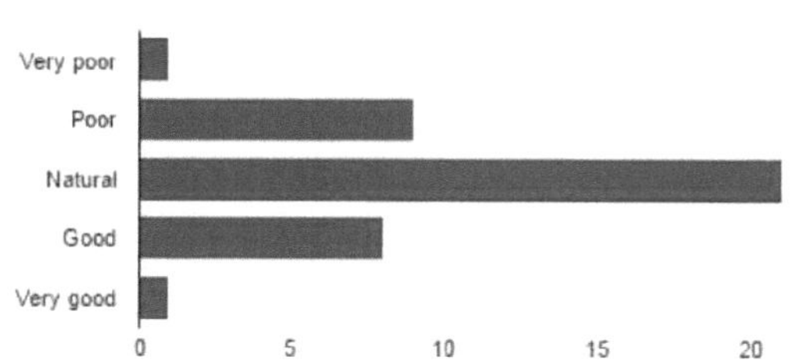

Very poor	1	2.5%
Poor	9	22.5%
Natural	21	52.5%
Good	8	20%
Very good	1	2.5%

Monitor project risks [21- Monitor project against plan]

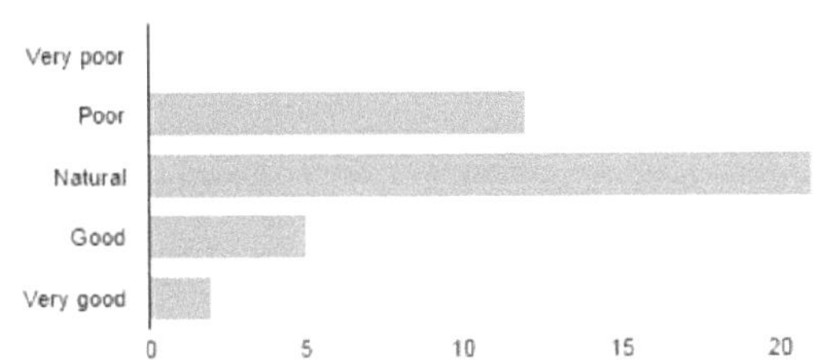

Very poor	0	0%
Poor	12	30%
Natural	21	52.5%
Good	5	12.5%
Very good	2	5%

Monitor data management [21- Monitor project against plan]

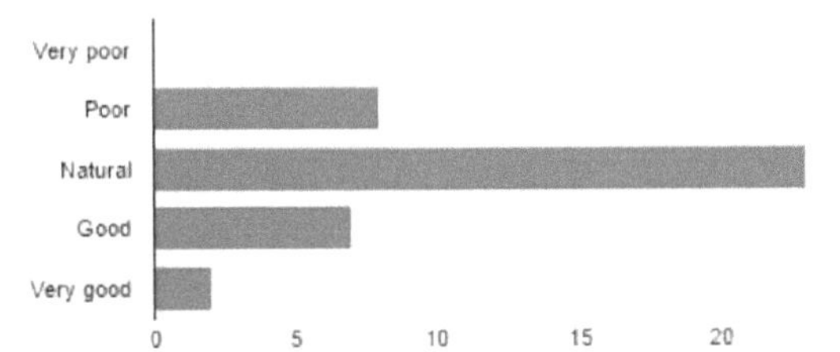

Very poor	0	0%
Poor	8	20%
Natural	23	57.5%
Good	7	17.5%
Very good	2	5%

Monitor stakeholder involvement [21- Monitor project against plan]

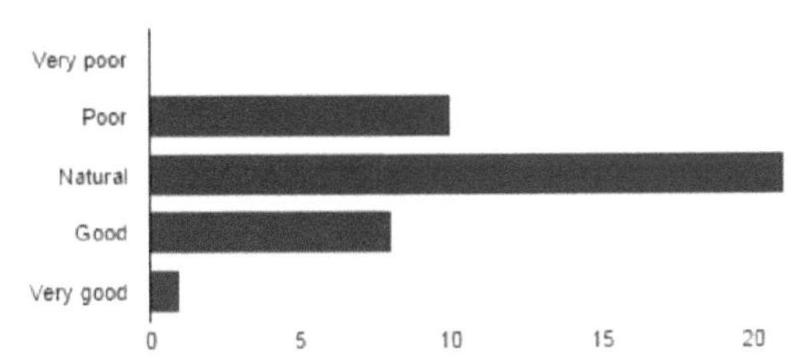

Very poor	0	0%
Poor	10	25%
Natural	21	52.5%
Good	8	20%
Very good	1	2.5%

Conduct progress reviews [21- Monitor project against plan]

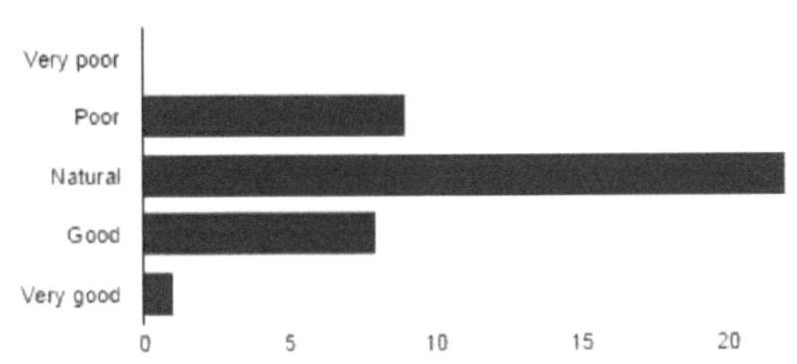

Very poor	0	0%
Poor	9	22.5%
Natural	22	55%
Good	8	20%
Very good	1	2.5%

Conduct milestone reviews [21- Monitor project against plan]

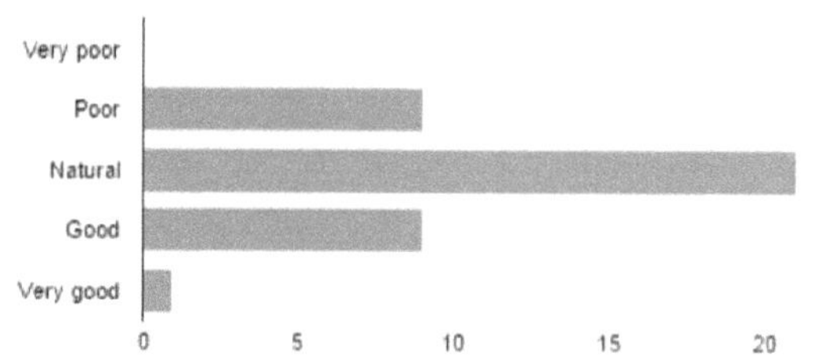

Very poor	0	0%
Poor	9	22.5%
Natural	21	52.5%
Good	9	22.5%
Very good	1	2.5%

Analyze issues [22- Manage corrective action to closure]

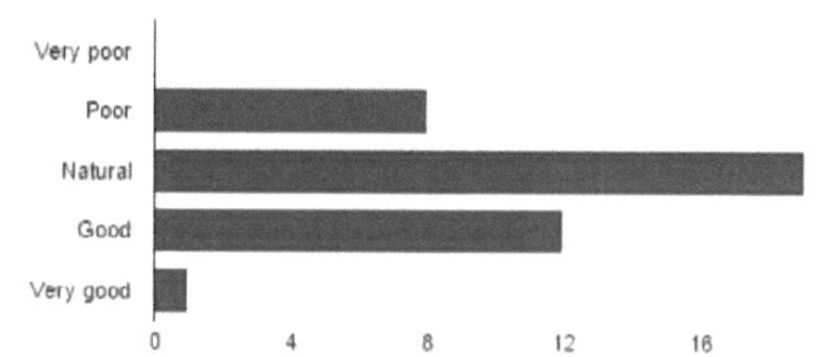

Very poor	0	0%
Poor	8	20%
Natural	19	47.5%
Good	12	30%
Very good	1	2.5%

Take correction action [22- Manage corrective action to closure]

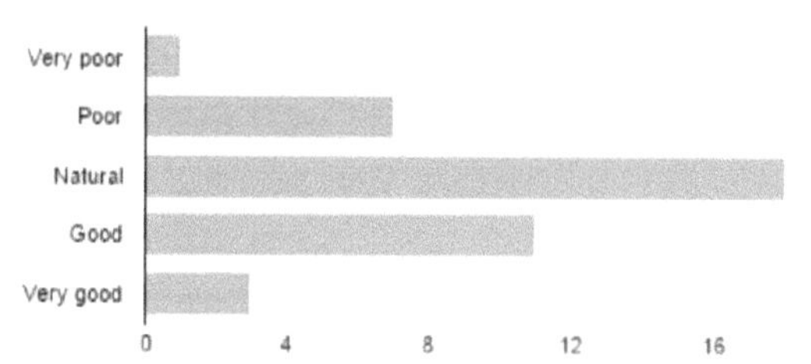

Very poor	1	2.5%
Poor	7	17.5%
Natural	18	45%
Good	11	27.5%
Very good	3	7.5%

Manage corrective action [22- Manage corrective action to closure]

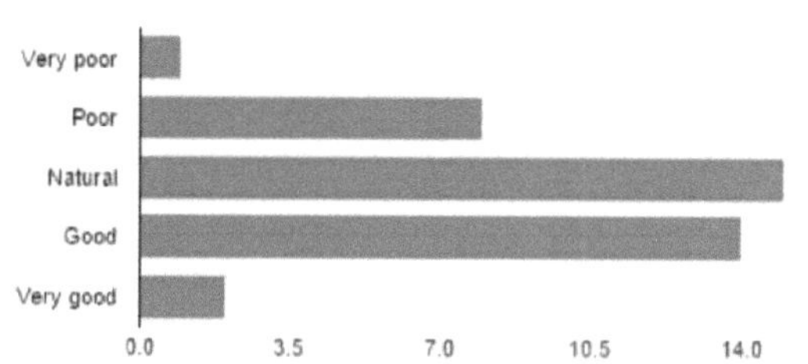

Very poor	1	2.5%
Poor	8	20%
Natural	15	37.5%
Good	14	35%
Very good	2	5%

Establish measurement objectives [23- Align measurement and analysis activities]

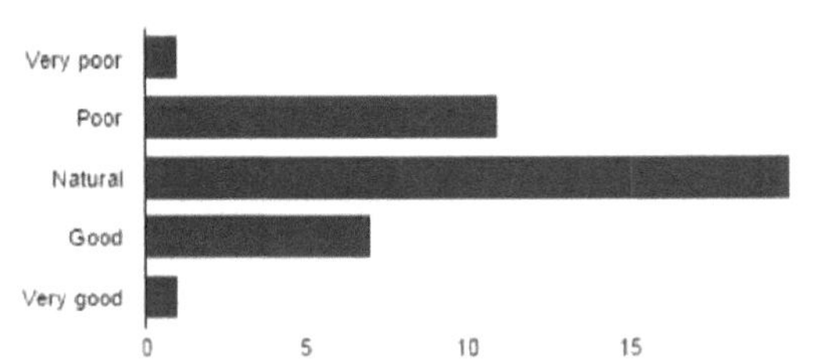

Specify measures [23- Align measurement and analysis activities]

Specify data collection and storage procedures [23- Align measurement and analysis activities]

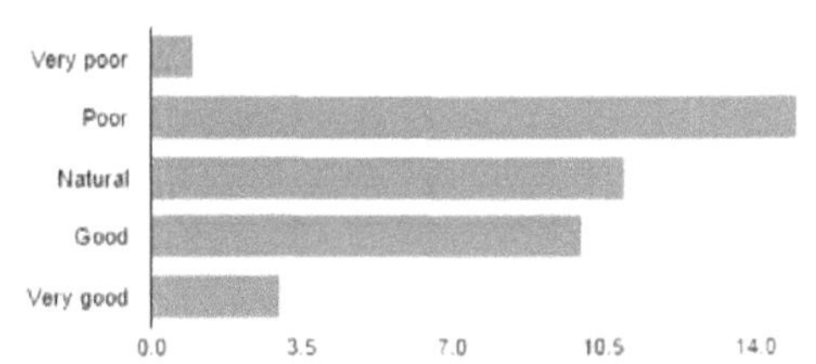

Specify analysis procedures [23- Align measurement and analysis activities]

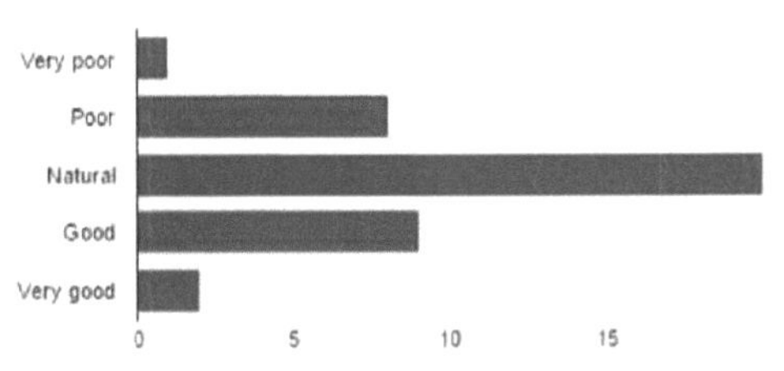

Collect measurement data [24- Provide measurement results]

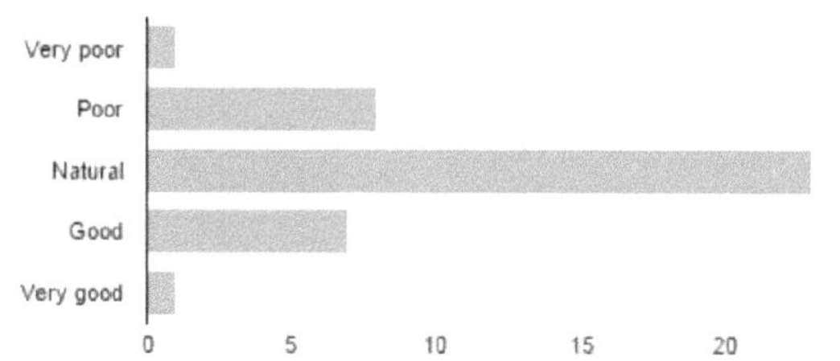

Very poor	1	2.5%
Poor	8	20%
Natural	23	57.5%
Good	7	17.5%
Very good	1	2.5%

Analyze measurement data [24- Provide measurement results]

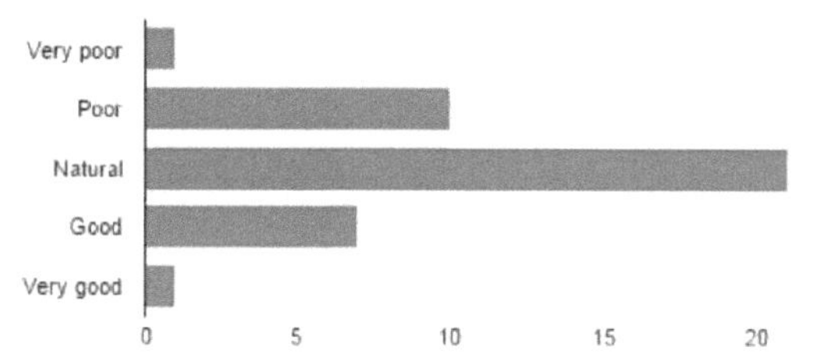

Very poor	1	2.5%
Poor	10	25%
Natural	21	52.5%
Good	7	17.5%
Very good	1	2.5%

Store data and results [24- Provide measurement results]

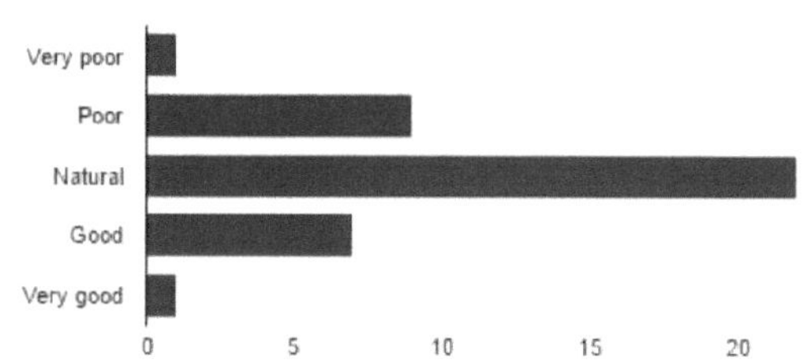

Very poor	1	2.5%
Poor	9	22.5%
Natural	22	55%
Good	7	17.5%
Very good	1	2.5%

Communicate results [24- Provide measurement results]

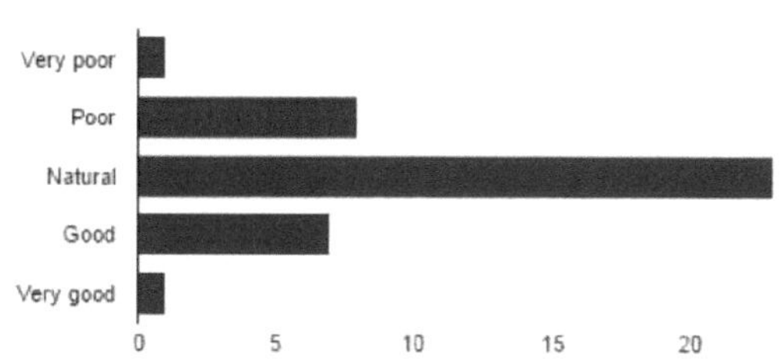

Very poor	1	2.5%
Poor	8	20%
Natural	23	57.5%
Good	7	17.5%
Very good	1	2.5%

Objectively evaluate processes [25- Objectively evaluate processes]

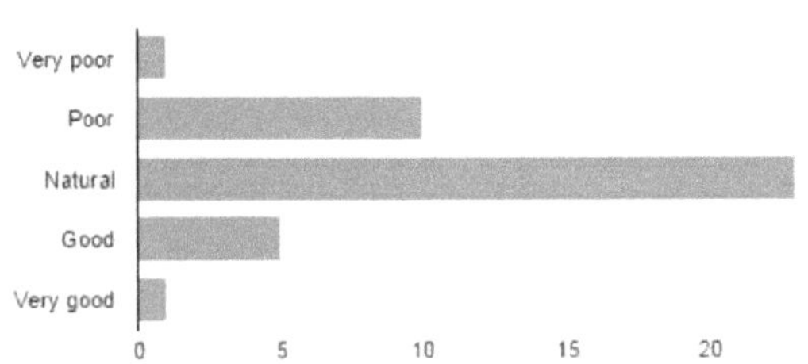

Very poor	1	2.5%
Poor	10	25%
Natural	23	57.5%
Good	5	12.5%
Very good	1	2.5%

Objectively evaluate work products and services [25- Objectively evaluate processes]

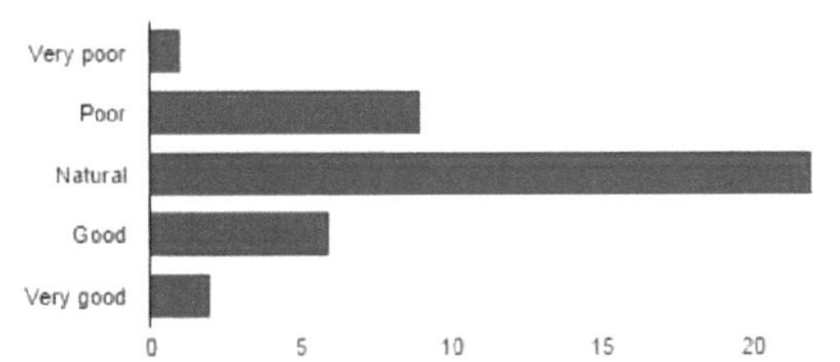

Very poor	1	2.5%
Poor	9	22.5%
Natural	22	55%
Good	6	15%
Very good	2	5%

Communicate and ensure resolution of noncompliance issues establish records [25- Objectively evaluate processes]

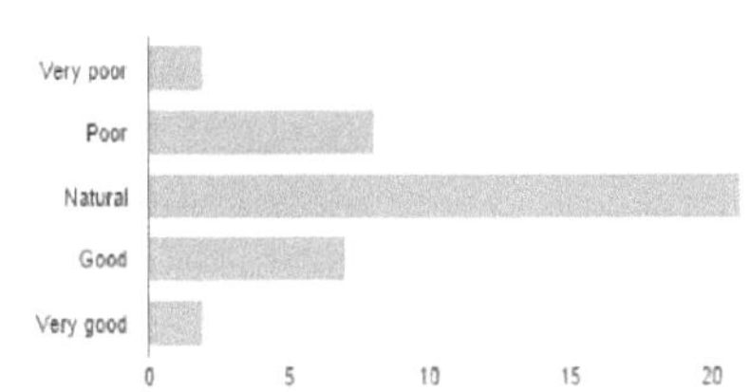

Very poor	2	5%
Poor	8	20%
Natural	21	52.5%
Good	7	17.5%
Very good	2	5%

Identify configuration items [26- Establish baselines]

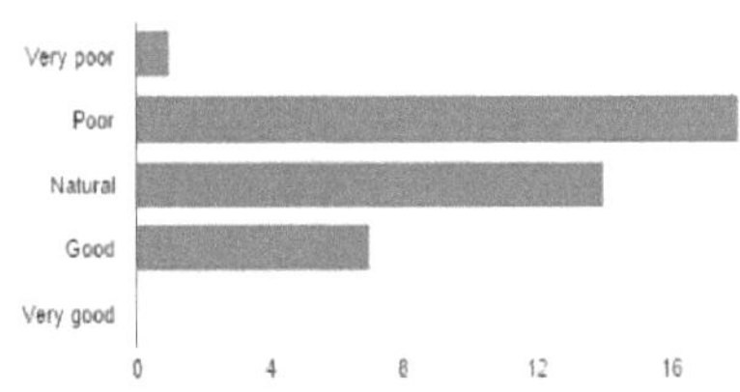

Very poor	1	2.5%
Poor	18	45%
Natural	14	35%
Good	7	17.5%
Very good	0	0%

Establish a configuration management system [26- Establish baselines]

Very poor	1	2.6%
Poor	16	41%
Natural	14	35.9%
Good	7	17.9%
Very good	1	2.6%

Create or release baselines [26- Establish baselines]

Very poor	1	2.5%
Poor	14	35%
Natural	17	42.5%
Good	8	20%
Very good	0	0%

Track change requests [27- Track and control changes]

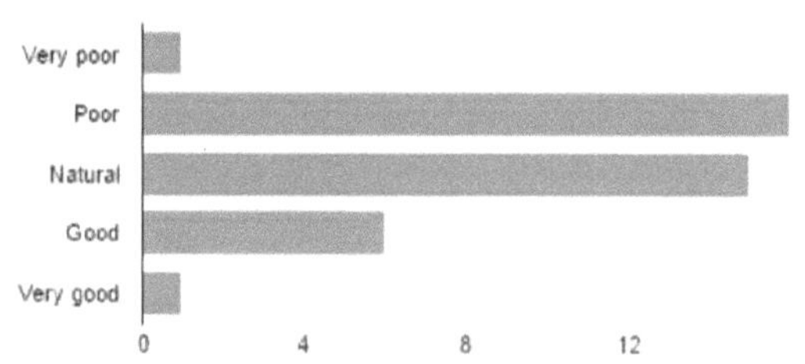

Very poor	1	2.6%
Poor	16	41%
Natural	15	38.5%
Good	6	15.4%
Very good	1	2.6%

Control configuration items [27- Track and control changes]

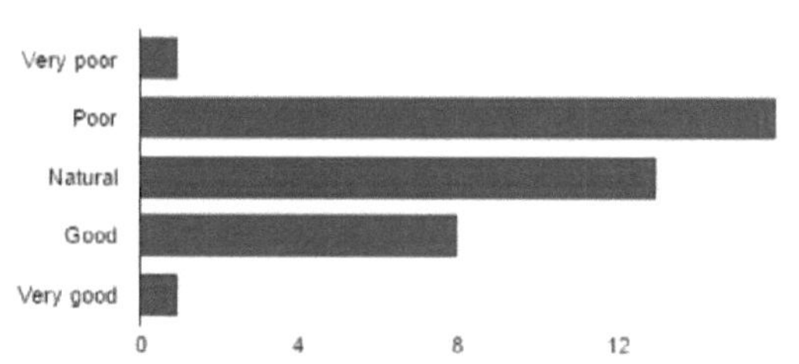

Very poor	1	2.6%
Poor	16	41%
Natural	13	33.3%
Good	8	20.5%
Very good	1	2.6%

Establish configuration management records [28- Establish integrity]

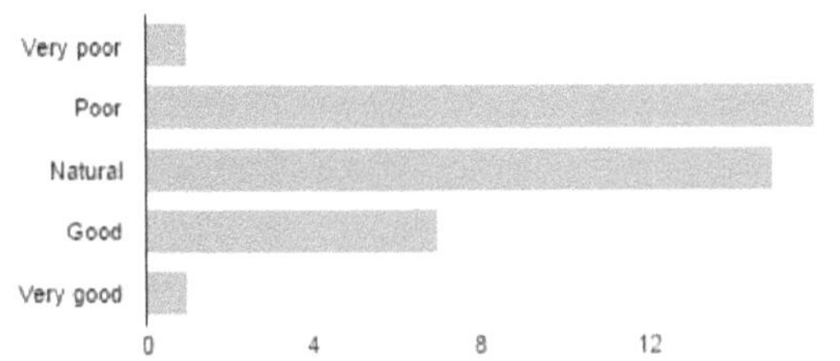

Very poor	1	2.5%
Poor	16	40%
Natural	15	37.5%
Good	7	17.5%
Very good	1	2.5%

Perform configuration audits [28- Establish integrity]

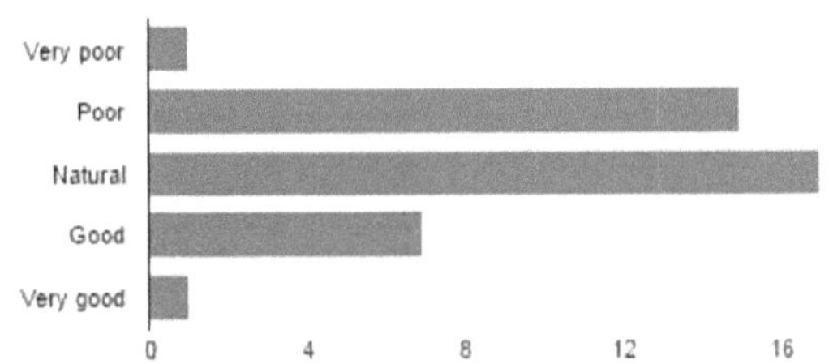

Very poor	1	2.4%
Poor	15	36.6%
Natural	17	41.5%
Good	7	17.1%
Very good	1	2.4%

I want morebooks!

Buy your books fast and straightforward online - at one of world's fastest growing online book stores! Environmentally sound due to Print-on-Demand technologies.

Buy your books online at
www.morebooks.shop

Compre os seus livros mais rápido e diretamente na internet, em uma das livrarias on-line com o maior crescimento no mundo! Produção que protege o meio ambiente através das tecnologias de impressão sob demanda.

Compre os seus livros on-line em
www.morebooks.shop

Printed by Books on Demand GmbH, Norderstedt / Germany